Mr Kankati Muralidhar

Investigação sobre o motor diesel com bio-diesel de milho combinado e CEO2

Mr Kankati Muralidhar

Investigação sobre o motor diesel com bio-diesel de milho combinado e CEO2

ScienciaScripts

Imprint
Any brand names and product names mentioned in this book are subject to trademark, brand or patent protection and are trademarks or registered trademarks of their respective holders. The use of brand names, product names, common names, trade names, product descriptions etc. even without a particular marking in this work is in no way to be construed to mean that such names may be regarded as unrestricted in respect of trademark and brand protection legislation and could thus be used by anyone.

Cover image: www.ingimage.com

This book is a translation from the original published under ISBN 978-620-6-84434-1.

Publisher:
Sciencia Scripts
is a trademark of
Dodo Books Indian Ocean Ltd. and OmniScriptum S.R.L publishing group

120 High Road, East Finchley, London, N2 9ED, United Kingdom
Str. Armeneasca 28/1, office 1, Chisinau MD-2012, Republic of Moldova, Europe
Printed at: see last page
ISBN: 978-620-7-90648-2

Conteúdo

CAPÍTULO-1

INTRODUÇÃO

HISTÓRIA:

MOTOR DIESEL Desenvolvido na década de 1890 pelo inventor Rudolph Diesel, o motor diesel tornou-se o motor de eleição pela sua potência, fiabilidade e elevada economia de combustível, em todo o mundo. As primeiras experiências com combustíveis de óleo vegetal incluíram o governo francês e o próprio Dr. Diesel, que imaginou que os óleos vegetais puros poderiam alimentar os primeiros motores diesel para a agricultura em áreas remotas do mundo, onde o petróleo não estava disponível na altura. O biodiesel moderno, que é produzido através da conversão de óleos vegetais em compostos chamados ésteres metílicos de ácidos gordos, tem as suas raízes na investigação realizada na década de 1930 na Bélgica, mas a atual indústria de biodiesel só se estabeleceu na Europa no final da década de 1980.

TRABALHO ANTECIPADO:

Os primeiros motores diesel tinham sistemas de injeção complexos e foram concebidos para funcionar com muitos combustíveis diferentes, desde querosene a pó de carvão. Foi apenas uma questão de tempo até alguém reconhecer que, devido ao seu elevado teor energético, os óleos vegetais seriam um excelente combustível. A primeira demonstração pública de combustível diesel à base de óleo vegetal foi feita na feira mundial de 1990, quando o governo francês estava interessado em óleos vegetais como combustível doméstico para as suas colónias africanas. Mais tarde, Rudolph Diesel realizou um extenso trabalho sobre combustíveis à base de óleo vegetal e tornou-se um dos principais defensores deste conceito, acreditando que os agricultores poderiam beneficiar do facto de fornecerem o seu próprio combustível. No entanto, demoraria quase um século até que essa ideia se tornasse uma realidade generalizada. Pouco depois da morte do Dr. Diesel em 1913, o petróleo tornou-se amplamente disponível numa variedade de formas, incluindo a classe de combustíveis que hoje conhecemos como "gasóleo".

TRABALHO MODERNO:

Devido à disponibilidade generalizada e ao baixo custo do gasóleo de petróleo, os combustíveis à base de óleos vegetais ganharam pouca atenção, exceto em alturas de preços elevados do petróleo e de escassez. A Segunda Guerra Mundial e as crises petrolíferas da década de 1970 despertaram um breve interesse na utilização de óleos vegetais para alimentar motores a gasóleo. Infelizmente, os novos modelos de motores diesel não podiam funcionar com óleos vegetais tradicionais, devido à viscosidade muito mais elevada do óleo vegetal em comparação com o gasóleo de petróleo. Era necessária uma forma de baixar a viscosidade dos óleos vegetais até um ponto em que pudessem ser queimados corretamente no motor diesel. Foram propostos muitos métodos para realizar esta tarefa, incluindo a pirólise, a mistura com solventes e até mesmo a emulsão do combustível com água ou álcoois, mas nenhum deles forneceu uma solução adequada. Foi um inventor belga, em 1937, que propôs pela primeira vez a utilização da transesterificação para converter óleos vegetais em ésteres alquídicos de ácidos gordos e utilizá-los como substituto do gasóleo. O processo de transesterificação converte o óleo vegetal em três moléculas mais pequenas que são muito menos viscosas e fáceis de queimar num motor diesel. A reação de transesterificação é a base para a produção do biodiesel moderno, que é o nome comercial dos ésteres metílicos de ácidos gordos. No início da década de 1980, as preocupações com o ambiente, a segurança energética e a sobreprodução agrícola trouxeram de novo para a ribalta a utilização de óleos vegetais, desta vez com a transesterificação como método preferido de produção desses substitutos do combustível. Recentemente, os caminhos-de-ferro indianos começaram a utilizar o biodiesel como combustível nas locomotivas.

Fig.1.1 Comboio a biodiesel.

SOBRE O BIO-DIESEL E AS DIFERENTES FONTES DE BIO DIESEL:

BIODIESEL:

O biodiesel é um combustível de substituição de queima mais limpa, produzido a partir de fontes renováveis, como óleos vegetais novos e usados e gorduras animais.

Fontes diferentes:

1. Bio-diesel à base de gorduras vegetais.
- Bio-diesel à base de sementes.
- Jatropha.
- Ponagamia.
- Sementes de algodão.
2. Bio-diesel à base de folhas.

> Combustíveis à base de algas.

3. Bio-diesel à base de gordura animal.
4. De acordo com os produtos alimentares:
- Comestível
- Bio-diesel de palma.
- Soja
- Óleo de milho
- Óleo de rícino

> Não comestível

- Ponagamia.
- Pinhão-manso
- Tamanu

NECESSIDADE DE BIODIESEL NA ÍNDIA:

A tendência da utilização de energia nos países em desenvolvimento revela que as necessidades energéticas estão a aumentar exponencialmente devido ao rápido aumento da população, ao crescimento económico e ao consumo individual de energia. As despesas cada vez maiores com as importações de fuelóleo estão a causar desequilíbrios económicos, aumentos de preços e dificuldades para a população. Simultaneamente, as emissões produzidas pela utilização de combustíveis fósseis estão a contribuir em grande medida para os danos irreparáveis no ambiente e no ecossistema. Mesmo que as normas rigorosas estabelecidas para a conservação de energia e as emissões não tenham conseguido resolver a situação. Por conseguinte, é necessário explorar outras opções viáveis. Neste contexto, as tecnologias energéticas alternativas oferecem uma solução prometedora.

Neste contexto, as tecnologias energéticas alternativas oferecem uma solução prometedora.

Algumas das razões para a necessidade de biodiesel na Índia:

1. Falta de recursos de petróleo bruto (convencional).
2. Para reduzir os produtos poluentes e cumprir o objetivo de "SWACHH BHARAT".
3. Utilizar as fontes disponíveis nas zonas florestais.
4. Reduzir a quantidade de combustíveis importados de outros países.
5. A introdução do bio-diesel no sector agrícola pode tornar-se uma grande revolução
6. Para reduzir a utilização de gasóleo nos motores das locomotivas.

POSSIBILIDADES DE PRODUÇÃO DE BIO-DIESEL NA ÍNDIA:

Cenário energético na Índia:

O desenvolvimento económico de qualquer país depende da fonte de energia. A Índia, sendo um país em desenvolvimento, necessita de um nível de energia muito mais elevado para manter o seu ritmo de progresso. A dependência dos recursos energéticos da Índia é semelhante à de outros países em desenvolvimento. O carvão e o petróleo, os principais recursos fósseis, são os principais responsáveis. A rápida mecanização do sector agrícola e de outros sectores industriais não organizados de pequena escala necessita cada vez mais de petróleo e eletricidade no futuro. De acordo com as estimativas actuais, as reservas de petróleo na Índia esgotar-se-ão nos próximos anos. Estima-se que a procura e a oferta de petróleo quase quadruplicaram durante o último quarto de século. Atualmente, a Índia é capaz de produzir cerca de um terço do total de combustíveis petrolíferos necessários. No entanto, os restantes são importados, o que consome a maior parte das divisas estrangeiras obtidas pelo país. O desenvolvimento e a promoção de tecnologias adequadas para a utilização de recursos energéticos não tradicionais estão a surgir estrategicamente como uma solução emergente para as actuais crises energética e ambiental. A Comissão de Planeamento da Índia recomendou duas espécies de plantas, ou seja, Karanja e Jatropha, para a produção de biodiesel e começou a trabalhar em projectos de biocombustíveis perto de 200 distritos de 18 estados da Índia.

MOTOR DE COMBUSTÃO INTERNA E COMBUSTÍVEIS ALTERNATIVOS:

Em geral, os dois grandes tipos de motores de combustão interna são o motor de ignição comandada (SI) e o motor de ignição por compressão (CI), que são populares na sociedade como motores a gasolina e a gasóleo, respetivamente. O motor SI utiliza combustíveis com elevada temperatura de auto-ignição, como a gasolina, o álcool e os combustíveis gasosos. A combustão neste motor é iniciada num único local por uma faísca e a chama desenvolvida propaga-se depois para a mistura combustível-ar pré-misturada de forma progressiva. No motor de ignição por compressão, são utilizados combustíveis com baixa temperatura de auto-ignição, como o gasóleo. Neste motor, no final do processo de compressão, o combustível é injetado num ambiente de ar comprimido quente com uma temperatura superior à temperatura de auto-ignição do combustível utilizado, o que inicia a combustão em vários locais. Os combustíveis dos motores SI e CI são geralmente de origem fóssil e têm um futuro incerto devido à sua reserva limitada e ao seu impacto ambiental. Assim, para cumprir as normas internacionais relativas ao consumo de combustível e às emissões de escape, estão disponíveis várias opções comprovadas, desde a modificação dispendiosa do hardware do motor até combustíveis alternativos mais baratos. No contexto indiano, a utilização de motores de combustão interna existentes com poucas ou nenhumas modificações é uma solução promissora e viável que só pode ser possível através da via dos combustíveis alternativos. Estão a ser experimentados vários combustíveis líquidos e gasosos não tradicionais nos motores de combustão interna existentes. A utilização de combustíveis alternativos em motores SI e CI é decidida com base nas suas características de combustão. Alguns dos resultados obtidos são de natureza encorajadora e necessitam de uma análise crítica a nível micro para a sua aplicação sustentável. Tendo em conta a necessidade atual, o número de motores diesel utilizados na agricultura e no sector dos transportes públicos é muito superior ao dos motores a gasolina. Por conseguinte, é mais relevante destacar as características comuns dos combustíveis alternativos a gasóleo.

Processo de utilização de óleo vegetal como combustível para motores diesel:

O óleo vegetal pode ser utilizado de diferentes formas durante o funcionamento do motor diesel, como se segue:

- Forma elegante
- Substituição parcial (mistura e microemulsificação)
- Transesterificação

Forma elegante:

O óleo vegetal pode ser utilizado diretamente no motor para um funcionamento a curto prazo sem qualquer modificação do motor. No entanto, para um funcionamento a longo prazo, devido à sua maior viscosidade, é necessário efetuar algumas alterações no motor. Os investigadores referiram que, quando o óleo vegetal puro é utilizado como substituto do gasóleo, surgem vários problemas durante o funcionamento do motor.

Problemas na utilização de óleo vegetal puro como combustível em motores diesel:

Foi observado que, quando o óleo vegetal puro é utilizado diretamente como substituto do gasóleo em motores de ignição por compressão, surgem os seguintes problemas devido à viscosidade mais elevada

- Os óleos vegetais têm características de injeção, atomização e combustão significativamente diferentes das do gasóleo puro.
- A maior viscosidade do óleo vegetal provoca uma má atomização do combustível, o que resulta numa mistura incorrecta do ar com o óleo e é responsável por uma combustão incompleta e por emissões de fumo mais pesadas.
- O valor mais elevado dos pontos de turvação e de fluidez do óleo vegetal em comparação com o gasóleo puro pode causar problemas de arranque em condições de tempo frio, diluição do óleo lubrificante, maior valor de depósitos de carbono na cabeça do pistão, desgaste do revestimento do motor, colagem do anel do pistão e falha do bico de injeção

A solução dos problemas acima referidos pode ser possível se os óleos vegetais forem modificados para biodiesel através de um processo químico que apresente propriedades semelhantes às do gasóleo puro.

Substituição parcial:

A substituição parcial de óleo vegetal por gasóleo é efectuada de duas formas: mistura e microemulsificação. A mistura é feita até um certo limite de substituição de óleo vegetal por gasóleo, o que permite que os dois óleos se misturem um com o outro. No entanto, para além desse limite, quando os dois óleos não se misturam e são armazenados separados um do outro, é preferível a técnica de microemulsificação.

Mistura:

A mistura é o método de mistura direta de dois fluidos completamente miscíveis. Uma proporção adequada de óleo vegetal com uma mistura de gasóleo convencional faz funcionar o motor sem qualquer modificação.

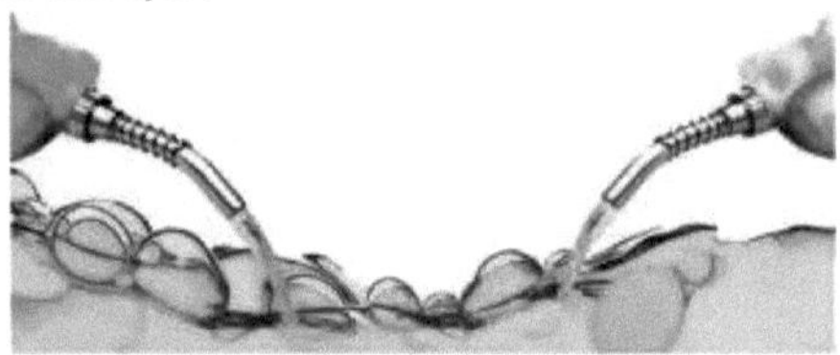

Fig.1.2 mistura

Micro-emulsificação:

A microemulsão é uma solução isotrópica estável e transparente constituída por um óleo e água ou álcool ou ambos. É estabilizada pela adição de um surfactante e de um co-surfactante. Este fenómeno diz respeito à dispersão em equilíbrio de microestruturas fluidas opticamente isotrópicas. A utilização de combustível híbrido formulado como substituto do gasóleo em motores de combustão interna foi testada com sucesso:

VANTAGENS:

1. Elevado rendimento energético e substitui os combustíveis derivados do petróleo.
2. Reduz as emissões de gases com efeito de estufa ao longo do ciclo de vida.
3. Reduz a poluição.
4. Melhora a qualidade do ar e tem um impacto positivo na saúde humana.
5. Utilização de bio-diesel onde os combustíveis convencionais não estão disponíveis.

DESVANTAGENS:

1. A conversão de petróleo bruto em biodiesel é difícil
2. Tempo necessário para o processo.
3. As emissões de NOx do biodiesel são elevadas quando comparadas com as dos combustíveis convencionais.
4. Alguns biocombustíveis exigem modificações no motor.
5. Bio-diesel com baixo valor calorífico e elevada viscosidade.

OBJECTIVOS DO PRESENTE TRABALHO:

No presente trabalho de projeto, são atingidos os seguintes objectivos

- Recolha de sementes de milho de diferentes origens e extração de óleo.
- Recolha de requisitos para o presente trabalho com base em revistas especializadas.
- Criação de um laboratório de "produção de biodiesel".
- Transformação de petróleo bruto em biodiesel.
- Manutenção do motor computadorizado do MFVCR.
- Verificação das propriedades do biodiesel e comparação com os valores de referência.
- Verificação do desempenho. Análise da combustão e das emissões do biodiesel de milho com aditivos

CAPÍTULO 2

2 REVISÃO DA LITERATURA:

O principal objetivo desta revisão da literatura é fornecer informação de base sobre as questões a considerar neste trabalho e realçar a relevância do presente estudo. Foi efectuada uma pesquisa bibliográfica intensiva sobre o biodiesel e as suas misturas no motor diesel. O capítulo contém a informação que obtivemos de diferentes artigos

BIO-DIESEL:-

Nos anos actuais, os óleos alimentares são facilmente obtidos devido à sua disponibilidade. Neste trabalho, foram estudados vários aspectos, como as propriedades físicas e químicas do éster metílico do óleo de milho, a composição em ácidos gordos, a mistura de transesterificação e o desempenho do motor e as emissões do éster metílico do óleo de milho. De um modo geral, o óleo de milho parece ser uma matéria-prima aceitável para a futura produção de biodiesel.

1. Sahid at el estudou a utilização de biodiesel em motores de ignição por compressão utilizando óleos comestíveis como o óleo de soja, o óleo de girassol e o óleo de sementes de algodão. Pode reduzir as emissões do motor, mas a utilização de óleo comestível como biodiesel tem uma limitação, ou seja, os óleos comestíveis são utilizados como culturas alimentares na vida quotidiana e, devido à sua indisponibilidade, são utilizados óleos não comestíveis como biodiesel.

2. Nagaraja.s, K. Sooorya prakash,R.sudhakaran, M.sathish kumar estudaram a qualidade das emissões, o desempenho e as características de combustão de um motor de ignição por compressão alimentado com misturas de gasóleo de éster metílico de óleo de milho respeitadoras do ambiente. Os resultados indicaram que o aumento da eficiência térmica do travão para o B100 e a redução das emissões em carga parcial e carga total.

3. R. Senthi kumar estudou o desempenho e as características de emissão do motor a biodiesel com pré-aquecimento do éster metílico do óleo de milho. Neste trabalho, estudámos o desempenho e as características de emissão do biodiesel de milho utilizando diferentes temperaturas de pré-aquecimento, tais como (50, 70 e 90^0 c). Aumento da eficiência térmica do travão a 70^0 c e redução das emissões a 70^0 c.

4. V.A. Markov estudou a otimização da composição da mistura de gasóleo e óleo de milho. Neste trabalho, estudámos a mistura de óleo de milho com gasóleo em diferentes percentagens e calculámos a composição optimizada da mistura de biocombustível.

5. U Santhan kumar estudou as características de desempenho da combustão e das emissões do óleo de milho misturado com gasóleo. Neste artigo, estudámos as características das misturas de biodiesel de milho.

ADITIVOS PARA BIODIESEL

1. Nithin Samuel, Muhammed Shefeek K: O consumo específico de combustível é reduzido em 0,5 kg/kw.hr para o gasóleo misturado com óxido de cério a 30 ppm. A eficiência mecânica do motor é aumentada em 20% com a utilização de combustível adicionado com 30 ppm de óxido de cério. No entanto, as eficiências térmicas são mais elevadas para o gasóleo puro do que para o combustível misturado com nanopartículas. Verifica-se uma melhoria significativa das emissões de escape quando se utiliza gasóleo misturado com nanopartículas de óxido de cério.

2. Abbas Alli Taghipoor Bafghi, Hosein Bakhoda, Fateme Khodaei Chegeni: Foi efectuada uma investigação experimental para estabelecer as características de desempenho de um motor de ignição por compressão utilizando nanopartículas de óxido de cério como aditivo no gasóleo puro e em misturas de gasóleo e biodiesel. Na primeira fase das experiências, é analisada a estabilidade do gasóleo puro e das misturas gasóleo-biodiesel com a adição de nanopartículas de óxido de cério. Após uma série de experiências, verifica-se que as misturas sujeitas a uma mistura a alta velocidade seguida de estabilização por banho de ultra-sons melhoram a estabilidade. Na segunda fase, as características de desempenho são estudadas utilizando as misturas de combustível estáveis num motor monocilíndrico a quatro tempos acoplado a um dinamómetro elétrico e a um sistema de aquisição de dados. O óxido de cério actua como um catalisador doador de oxigénio e fornece oxigénio para a combustão. A energia de ativação do óxido de cério actua para queimar os depósitos de carbono no cilindro do motor à temperatura da parede e impede a deposição de compostos não polares na parede do cilindro, o que resulta numa redução das emissões de HC. Os testes revelaram que as nanopartículas de óxido de cério podem ser utilizadas como aditivo em misturas de gasóleo e gasóleo-biodiesel para melhorar significativamente a combustão completa do combustível.

3. **Shiva Kumar, P. Dinesha & Ijas Bran:** Neste artigo, foram explicados os benefícios da utilização de nanoaditivos em motores diesel/biodiesel. A adição de nanopartículas de metal e óxidos de metal em misturas de biodiesel resultou na melhoria das características de desempenho do motor e, ao mesmo tempo, na redução dos gases de escape.
4. **V. Arul Mozhi Selvan, R. B. Anand, M. Udaya kumar**: Neste trabalho experimental, utilizaram-se nanopartículas de óxido de cério (CERIA) e nanotubos de carbono (CNT) na mistura de gasóleo, óleo de rícino, biodiesel e etanol. A taxa de compressão foi mantida em 19:1. Os CNT adicionados actuaram como catalisadores e ajudaram a acelerar a taxa de combustão do combustível, levando a uma diminuição do atraso na ignição e a uma melhor combustão. O catalisador CERIA actuou como doador de oxigénio para o monóxido de carbono e redutor para os óxidos de azoto. Além disso, a energia de ativação do CERIA ajuda a queimar o carbono depositado no motor. Isto evita a formação de compostos não polares na parede do cilindro, o que resulta numa redução do fumo. A combinação destes dois factores contribuiu para a produção de um combustível mais limpo.
5. **T. Pushparaj, P. P. Shantharaman, D. John Panneer:** Neste trabalho foram adicionados nano aditivos de óxido de cério em concentrações que variam de 20 ppm a 60 ppm na mistura B20 de biodiesel de casca de castanha de caju e gasóleo. Para uma concentração de nano aditivos de 40 ppm, verificou-se que a emissão de NOX foi reduzida em 27%, a de CO em 37% e a opacidade dos fumos em 29% a plena carga.

Os conhecimentos que adquirimos com o estudo dos documentos acima referidos

- Diferentes fontes de produção de biodiesel na Índia
- Como converter o óleo cru em biodiesel (transesterificação)
- Modificações necessárias para o motor.
- Diferentes tipos de operações, como mistura, alteração da taxa de compressão, pré-aquecimento, magnetização, etc. ....
- Diferentes parâmetros que foram considerados durante a realização do ensaio. Poluentes do biodiesel e da linha de base.

CAPÍTULO-3

3 PREPARAÇÃO DO BIODIESEL:

A preparação do bio-diesel envolve o seguinte processo.

1. Recolha de sementes nas fontes e transformação em óleo em bruto.
2. Pré-tratamento
3. Teste de ácido
4. Esterificação.
5. Transesterificação.
6. Decantação e separação
7. Lavagem com água.
8. Pós-tratamento.

recolha de sementes nas fontes e transformação em óleo bruto:

O óleo de milho é um óleo extraído dos germes do milho. As sementes de milho limpas são recolhidas de diferentes fontes e são recolhidas de forma suficiente. As folhas do milho são retiradas e as sementes de milho são extraídas. As sementes são agora utilizadas para produzir óleo em bruto. As sementes são cuidadosamente limpas e esmagadas num moinho de óleo. No moinho de óleo, as sementes são introduzidas na tremonha e esmagadas utilizando ranhuras helicoidais, devido à alta pressão, as sementes são esmagadas e o óleo em bruto e o bolo de óleo são os subprodutos destas sementes de milho. A recuperação de óleo foi calculada em cerca de 28%. Extraímos (200 - 250) ml de óleo triturando 1 kg de sementes de milho.

A principal utilização do óleo de milho é na culinária e é também um ingrediente-chave em algumas margarinas. O óleo de milho é geralmente mais barato do que a maioria dos outros tipos de óleos.

Todo o óleo de milho bruto tinha um valor de viscosidade elevado. Para utilizar o óleo vegetal simples (SVO) no motor, a viscosidade tinha de ser reduzida, o que pode ser feito através do aquecimento do óleo acima referido. Outros problemas associados à sua utilização direta no motor incluem depósitos de carbono, colagem do anel de óleo, problemas de lubrificação e também a formação de depósitos no motor devido a combustão incompleta. A fim de reduzir a viscosidade, foi adotado o processo de transesterificação. A técnica de transesterificação consiste em converter fluidos com elevado teor de AGL e elevada viscosidade em combustíveis com baixo teor de AGL e baixa viscosidade, nomeadamente o biodiesel de milho. Uma vez que o valor de acidez do óleo de milho bruto foi superior a 24-29, foram adoptadas as técnicas de esterificação ácida e de transesterificação.

Fig. 3.1 árvore e sementes de milho

Fig. 3.2 sementes de milho

Pré-tratamento:

O pré-tratamento envolve os seguintes processos.

- Remoção de todas as partículas de pó através da utilização de papéis de filtro.
- Aquecimento do óleo cru acima da temperatura de ebulição da água para remover a água conteúdo
- Guarde esse óleo num frasco hermético.

Fig.3.2 pré-aquecimento

TESTE DE ÁCIDOS:

O índice de acidez do combustível representa a resistência à corrosão do motor; com o aumento do índice de acidez do combustível, as peças do motor ficam corroídas.

PROCEDIMENTO:

O número de acidez é uma medida da quantidade de grupos de ácido carboxílico num composto químico, como o ácido gordo.

O aparelho necessário:

- Balão cónico.
- Frasco de medição.
- Máquina de pesagem.
- Bureta.
- Aquecedor.

Produtos químicos necessários:

- Etanol (99% de pureza).
- Indicador de fenolftaleína.
- Hidróxido de potássio (KOH).

Coloca-se uma amostra de óleo de 2,5 g num frasco cónico e adicionam-se 20 ml de etanol. Coloca-se o balão numa placa de aquecimento e aquece-se a solução até à formação de bolhas. Em seguida, retira-se o balão da placa de aquecimento e sujeita-se a um arrefecimento rápido. Após arrefecimento, adicionam-se 2-3 gotas de indicador de fenolftaleína como indicador de cor. Em seguida, a solução é titulada com 1% de solução de KOH até a cor mudar para rosa pálido.

Leitura da bureta: 11.5

$$\text{Fórmula}= \zeta \frac{\textit{leitura da bureta}}{\textit{peso da amostra de óleo}})*5,6$$

Índice de acidez = 25,76 mg de KOH/gm.

Valor de FFA = 12,88 mg de KOH/gm.

ESTERIFICAÇÃO:

A esterificação é o processo de redução do índice de acidez (FFA). O aparelho necessário:

Balão de fundo redondo (RBF) de 500 ml.

Condensador

Placa de aquecimento com agitador magnético.

Artigos de vidro.

Termómetro.

Produto químico necessário:

Ácido sulfúrico (H_2SO_4) (98% de pureza).

Metanol (99% de pureza).

O óleo de milho bruto foi primeiramente aquecido a 45-50 °C e 1% (em peso) de ácido sulfúrico foi adicionado ao óleo. Em seguida, foi adicionado álcool metílico a cerca de (22-25)% (em peso). O álcool metílico foi adicionado em quantidade excessiva para acelerar a reação. Esta reação prosseguiu com agitação a 700 rpm e a temperatura foi controlada a 55-60oC durante 90 minutos, com análise regular de AGL após 25-30 minutos. Quando os AGL foram reduzidos para 1%, a reação foi interrompida. O principal obstáculo à esterificação catalisada por ácido dos AGL é a formação de água. A água pode impedir a conclusão da reação de conversão de AGL em ésteres. Após a desidratação do óleo esterificado, este foi introduzido no processo de transesterificação.

Fig.3.3 Esterificação

TRANSESTIRIFICAÇÃO:

A conversão de óleos vegetais simples em biodiesel através do processo designado por transesterificação para ultrapassar os problemas habituais encontrados na utilização de óleos vegetais simples. A transesterificação é o processo de tratamento de triglicéridos, como os óleos vegetais, com álcool na presença de um catalisador para produzir glicerol e ésteres de ácidos gordos.

No entanto, o processo de transesterificação envolve produtos químicos dispendiosos, como o álcool etílico/metílico e o catalisador adequado, bem como o controlo da temperatura e o equipamento de agitação. É difícil para um leigo preparar biodiesel a partir do processo de transesterificação. Especialmente os agricultores indianos não estão bem equipados e não têm tempo e paciência para efetuar este tipo de procedimento complicado.

A transestirificação é o processo de conversão do óleo cru em biodiesel.

Aparelhos necessários:

- RBF de 3 pescoços.
- Condensador.
- Placa de aquecimento com agitador magnético.
- Termómetro
- Artigos de vidro.

Produtos químicos necessários:

- Hidróxido de sódio (NaOH)
- Metanol.

No presente processo, o catalisador utilizado é tipicamente o hidróxido de sódio (NaOH) com 1% da quantidade total de massa de óleo. Foi dissolvido em 13% de metanol destilado (CH_3 OH) utilizando um agitador padrão a uma velocidade de 700 rpm durante 60 minutos. A solução de catalisador de álcool foi preparada de fresco para manter a atividade catalítica e evitar a absorção de humidade. Após a conclusão, foi lentamente carregada em óleo esterificado pré-aquecido. Após a conclusão deste processo, a solução foi vertida numa ampola de decantação.

Fig. 3.4 transesterificação

REACÇÃO QUÍMICA:

Quando o óxido de metilo foi adicionado ao óleo, o sistema foi fechado para evitar a perda de álcool, bem como para evitar a humidade. A temperatura da mistura de reação foi mantida entre 60 e 65oC (próxima do ponto de ebulição do álcool metílico) para acelerar a reação. O tempo de reação recomendado é de 70 minutos. A velocidade de agitação foi mantida a 560-700rpm. O excesso de álcool é normalmente utilizado para assegurar a conversão total da gordura ou óleo nos seus ésteres. Após a confirmação da conclusão da formação de ésteres metílicos, o aquecimento foi interrompido e os produtos foram arrefecidos e transferidos para uma ampola de decantação.

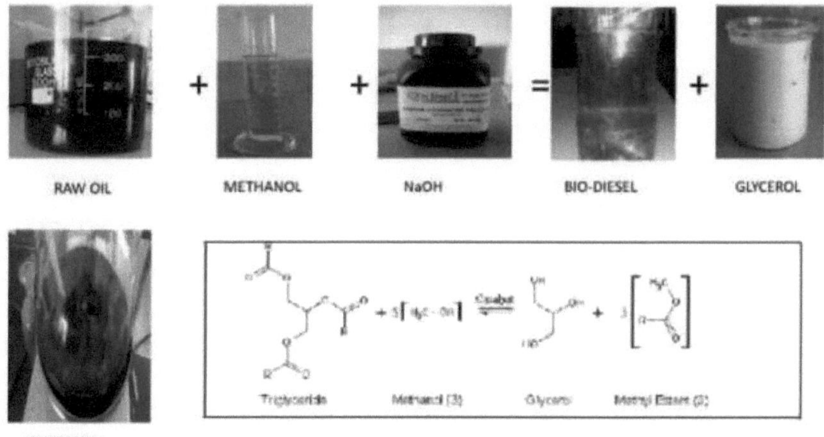

Fig. 3.5 envolvimento no processo

SEDIMENTAÇÃO E SEPARAÇÃO:

Após a conclusão do processo de transeterificação, a solução é transferida para o processo de decantação e separação. No processo de decantação e separação, a glicerina e o biodiesel são separados.

Equipamento necessário:

- Funil de separação.
- Funil.
- Suportes.
- Pano limpo.

No processo de decantação e separação, a solução é vertida num funil de separação e colocada num suporte de funil. O tempo de decantação necessário para o óleo de milho é de, no mínimo, 24 horas. Após 24 horas, a glicerina assenta devido à variação da densidade e à gravidade. Nesta fase, podemos observar claramente a glicerina e o biodiesel. A glicerina é separada accionando o botão disponível no funil de separação e o biodiesel é retirado. Agora o biodiesel é transferido para a lavagem com água.

Fig.3.6. Decantação e separação

LAVAGEM DE ÁGUA:

Uma vez separado da glicerina e do álcool, o biodiesel bruto foi purificado por lavagem com água. As impurezas presentes no biodiesel foram completamente removidas por este processo.

Equipamento necessário:

- Aquecedor.
- Frasco de CBO de 500 ml.
- Ampola de decantação de 1000 ml.
- Funil.
- Suportes de funil.

Soluções necessárias: - Água desionizada (ou) água pura.

No processo de lavagem da água, a água desionizada é inicialmente aquecida até 45-50 C. Agora, 100 ml de água morna são colocados num frasco e é misturada uma quantidade igual de biodiesel. Fecha-se o frasco com uma tampa de fricção e agita-se bem. A solução aparece com uma cor creme. Esta solução é vertida numa ampola de decantação e deixada assentar até 30 minutos. Após 30 minutos, a água, a camada leitosa branca e o biodiesel aparecem separadamente na ampola de decantação. A água e a camada leitosa branca são separadas da ampola de decantação através de um botão. Nesta fase, obtém-se o biodiesel parcialmente limpo. A camada leitosa branca contém algumas partículas impuras e glicerina. Esta será separada, e este processo é continuado 3-5 vezes para obter o biodiesel puro.

Agora estamos a ter o BIO-DIESEL.

Fig.3.7 lavagem com água

AQUECIMENTO:

O aquecimento é o processo para remover completamente o teor de água do biodiesel.

O teor de água no biodiesel pode danificar as peças do motor e reduzir o processo de combustão. Por isso, temos de remover todo o conteúdo de água.

Equipamento necessário:

- Aquecedor com indicador de temperatura.
- Copo de vidro.

No processo de aquecimento, o biodiesel obtido é inicialmente recolhido num copo de vidro e colocado num aquecedor. Ligar o aquecedor e aquecer acima da temperatura de ebulição da água para remover o conteúdo de água, e arrefecer o biodiesel durante 5 horas para obter o biodiesel à temperatura ambiente. Agora, o biodiesel é utilizado em qualquer motor de combustão interna.

Fig.3.8 aquecimento do biodiesel.

ADITIVOS PARA COMBUSTÍVEIS:

Os aditivos para combustíveis são utilizados no biodiesel para melhorar a estabilidade do biodiesel e o desempenho do motor. Atualmente, estão disponíveis diferentes aditivos para combustíveis. Consideramos as nano partículas de óxido de cério como um aditivo para combustíveis

Classificação das nano partículas

1. óxidos metálicos simples
2. sílica (SiO_2)
3. titânia (TiO_2)
4. alumina (Al_2O_3)
5. óxido de ferro (Fe_3O_4, Fe_2O_3),
6. óxido de zinco (ZnO),
7. céria (CeO_2) e
8. zircónio (ZrO_2).
9. Óxido de índio-estanho
10. Óxido de antimónio e estanho
11. Titanato de bário

- Aditivos para manuseamento e distribuição de combustível
  - Aditivos de operacionalidade a baixa temperatura
    - Melhoradores de fluxo
    - Aditivos anti-sedimentação de cera
    - Depressores do ponto de nuvem
    - Aditivos de degelo
  - Outros aditivos para o manuseamento de combustíveis
    - Aditivos anti-espuma
    - Aditivos redutores de arrasto
    - Aditivos dissipadores de estática
    - Biocidas
    - Demulsificantes
    - Dehazers
    - Inibidores de corrosão para sistemas de distribuição de combustível
    - Corantes para marcadores
    - Desodorizantes e reodorizantes
- Aditivos para a estabilidade dos combustíveis
  - Antioxidantes
  - Estabilizadores
  - Desactivadores de metais
  - Dispersantes
- Aditivos de proteção do motor
  - Inibidores de corrosão para sistemas de combustível de veículos
  - Aditivos para limpeza de injectores
  - Aditivos de lubrificação
- Aditivos de combustão
  - Melhoradores de ignição
  - Supressores de fumo

- Catalisadores de combustão

Os aditivos para a estabilidade do combustível são utilizados no biodiesel. Atualmente, estamos a utilizar nano partículas de óxido de cério como aditivo para o combustível no biodiesel

3.9.1. Nanopartículas de CeO2

A céria (CeO_2) é um óxido com importantes aplicações nas áreas da catálise, eletroquímica, fotoquímica e ciência dos materiais. Também é um absorvente ultravioleta (UV) altamente eficiente para proteger materiais sensíveis à luz, como material de revestimento para proteção contra a corrosão de metais, como catalisador de oxidação e como contra-elétrodo para dispositivos electroquímicos. As propriedades físicas do CeO2 estão representadas no quadro 3.1. O óxido de cério tem excelentes propriedades físicas e químicas, pelo que é utilizado como sensor de GPL e como material eletrolítico para células de combustível sólidas. Recentemente, Zhang et al. apresentaram as microesferas de nanocristais de CeO2 como um novo adsorvente para a remoção de Cr (VI) de águas residuais. Na sua fase mais estável, o CeO2 a granel adopta uma estrutura cristalina do tipo fluorite em que cada catião metálico está rodeado por oito átomos de oxigénio. O intervalo de banda da céria pura é de 5 ev, mas os defeitos cristalinos ou as impurezas podem transformar o material num bom semicondutor de tipo n. Estudos experimentais e teóricos indicam que o CeO2 a granel não é um óxido totalmente iónico. As experiências de espetroscopia de fotoelectrões e as medições de refletividade ótica mostram uma forte hibridação das orbitais do metal e do oxigénio, e a banda de valência, embora dominada pelo carácter p do O_2, contém ainda uma quantidade significativa de carácter metálico.

Fórmula molecular	**CeO2**
Massa molar	172,115 g/mol
Aparência	sólido branco ou amarelo-pálido, ligeiramente higroscópico
Densidade	7,65 g/cm3, sólido; 7,215 g/cm3, fase fluorita
Ponto de fusão	2400°C
Ponto de ebulição	3500°C
Solubilidade em água	Insolúvel

Tabela 3.1: Propriedades do CeO_2

Propriedades do óxido de cério (CeO_2) que utilizámos para a experimentação

Nanopartículas de óxido de cério (CeO_2, 20-30nm, pureza 99,9%)(fig3.7)

- CAS: # 1306-38-3
- Pureza: 99,9%
- APS: 20-30nm
- SSA: 40-45 m^2/g
- Cor: amarelo claro
- Densidade a granel: 1,3 g/cm^3
- Densidade real: 6,5 g/cm^3
- Estrutura cristalográfica: Esférica
- Peso atómico: 172,1148 g/mol

Nanopartículas de óxido de cério Certificado de análise

- CeO_2: ≥99,9%
- SiO_2: ≤0,05%
- TiO_2: ≤0,06%

- MgO: ≤0,06%
- Al_2O_3: ≤0,05%

<u>Fórmula química do óxido de ceruim:</u>

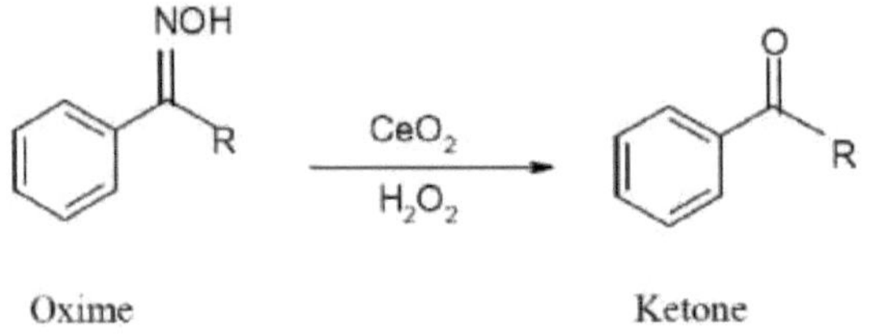

NOH O

R $\xrightarrow[H_2O_2]{CeO_2}$ R

Oxime Ketone

Em que, R = CH_3, C_6H_5

Figura 3.2: Reação química de oxima a cetona na presença de óxido de cério.

Propriedades físicas do óxido de cério:

Figura 3.7: Nanopartículas de óxido de cério que utilizámos

CAPÍTULO-4

PROPRIEDADES DO BIODIESEL PREPARADO.

VERIFICAÇÃO DAS PROPRIEDADES DO BIODIESEL PREPARADO:

Após a conclusão da preparação do biodiesel, temos de verificar as propriedades necessárias do biodiesel.

Propriedades do biodiesel:

- Poder calorífico (CV)
- Ponto de inflamação.
- Ponto de inflamação
- Ponto de nuvem.
- Ponto de escoamento.
- Índice de cetano.
- Valor de acidez.
- Densidade.
- Viscosidade.

Poder calorífico (IS 1448 (P-6)):

O poder calorífico é definido como "a quantidade de calor libertada pela combustão completa de uma unidade de massa do combustível".

O calor de combustão é uma medida da energia disponível num combustível e é essencial para determinar o valor calorífico ou o valor de aquecimento dos óleos comestíveis seleccionados. O valor calorífico dos combustíveis de ensaio foi determinado por um calorímetro de bomba. Os valores do combustível de ensaio são inferiores aos do gasóleo de base. O gasóleo é submetido ao ensaio CV segundo a norma IS 1448 (P-6).

Aparelhos necessários:

- Calorímetro de bomba.
- Copos.
- Termómetro.
- Quadro de alimentação de corrente.

Soluções necessárias:

- Bio-diesel
- Água.

Inicialmente, o calorímetro de bomba é limpo com água para remover as partículas de pó. Agora, enche-se o recipiente interno do Cush com uma quantidade suficiente de biodiesel e fecha-se a tampa. O invólucro exterior do calorímetro de bomba é enchido com uma quantidade medida de água. Os termómetros e as bobinas eléctricas são colocados de acordo com o procedimento. Após algum tempo, o biodiesel é completamente queimado e liberta o calor. O calor libertado é fornecido à água. A temperatura é anotada e apresentada na fórmula

Poder calorífico= mcp(T2-T1)

Poder calorífico = kcal/kg

= 39912 kj/kg

PONTO DE INFLAMAÇÃO;(ASTM D93)

A temperatura mais baixa a que o óleo liberta vapores suficientes para que estes vapores, quando misturados com o ar, formem uma mistura inflamável e produzam um clarão momentâneo quando se aplica uma pequena chama piloto.

PONTO DE INFLAMAÇÃO:(ASTM D94)

O ponto de inflamação é a temperatura mais baixa à qual os vapores do óleo ardem continuamente durante pelo menos cinco segundos, quando a chama é aproximada da superfície do óleo.
Os pontos de inflamação e de fogo são determinados por vários aparelhos, nomeadamente o aparelho de Abel, o aparelho de Pensky Marten e o aparelho de Cleveland de copo aberto.
O ponto de inflamação mede a tendência da amostra de combustível de ensaio para formar uma mistura inflamável com o ar em condições controladas. O ponto de inflamação indica a possível presença de materiais altamente voláteis e inflamáveis num material relativamente não volátil ou não inflamável. Um exemplo é o aparelho de teste de copo aberto Pensky-Martens, que é selado com uma tampa através da qual a fonte de ignição pode ser introduzida periodicamente. O vapor acima do líquido é assumido como estando em equilíbrio razoável com o líquido.
Procedimento:

No presente teste, estamos a utilizar o testador de copo aberto pensky-martens.

Equipamento:

- Dispositivo de ensaio do tipo copo aberto Pensky-martens.
- Termómetro e termopares
- Equipamento de segurança.

Inicialmente, o biodiesel é recolhido no copo e colocado no aquecedor disponível no equipamento. Ligar e variar o dimmerstat para aumentar o aquecimento. Ao fim de algum tempo, ocorre a formação de vapor. Neste momento, a chama é colocada perto da superfície do biodiesel e forma-se um clarão de fogo. Mede-se agora a temperatura do biodiesel. Esta é a temperatura do ponto de inflamação. Agora, continuando o aquecimento, o biodiesel começará a auto-queimar-se em torno da circunferência do copo e mede-se a temperatura do gasóleo. Este é o ponto de inflamação do biodiesel atual.
Ponto de inflamação = 143°C
Ponto de inflamação =149°C

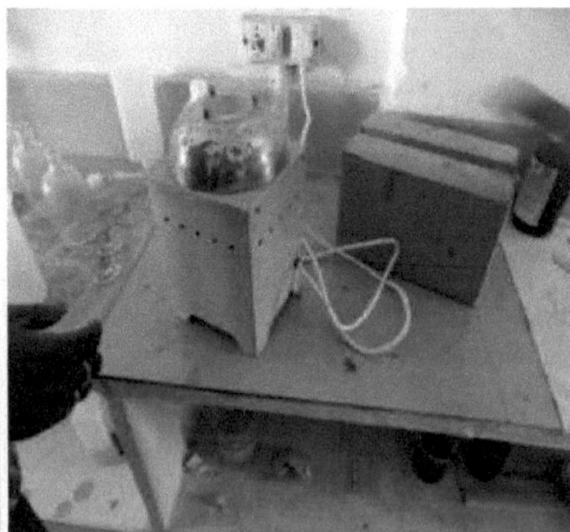

Fig. 4.1 Controlo do ponto de inflamação e de fogo.

PONTO DE NUVEM: (ASTM D2500)

O ponto de turvação é definido como "a temperatura à qual se inicia a solidificação da solução". No ponto de nuvem, o biodiesel inicia a solidificação e a fase líquida é convertida em fase sólida.

PONTO DE FLUIDEZ: (ASTM D 97)

O ponto de fluidez é definido como "a temperatura à qual o gasóleo completo é solidificado". No ponto de fluidez, o biodiesel é completamente convertido em fase sólida e perde as propriedades fluidas. A esta temperatura, o gasóleo não é capaz de fluir.

O ponto de nuvem e o ponto de fluidez são normalmente medidos para conhecer a utilização do combustível a frio.

Procedimento:

A medição do ponto de nuvem e do ponto de fluidez é bastante oposta à do ponto de inflamação e do ponto de fogo.

Equipamento:

- Frasco de medição de 10 ml
- Copo de 1000 ml Soluções necessárias;
- Cubos de gelo
- $CaCl_2$

Para medir o ponto de turvação e o ponto de fluidez, inicialmente são colocados 10 ml de biodiesel num frasco de medição, um copo de 1000 ml é enchido com cubos de gelo e o Cacl2on é vertido no gelo para reduzir a formação de água. Depois de algum tempo de espera, dá-se a formação de névoa. A partir desta fase, a temperatura é medida em determinados intervalos. A temperatura a que ocorrerá a solidificação é o ponto de nuvem e a temperatura a que o biodiesel está completamente solidificado.

Ponto de nuvem =18°C

Ponto de escoamento = -8°C

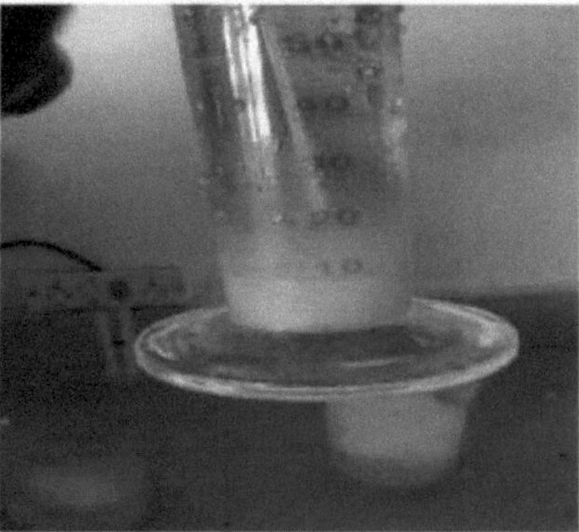

Fig. 4.2 cloud &pour point checking

Densidade:

A gravidade específica dos líquidos pode ser medida com instrumentos como o hidrómetro e o frasco de gravidade específica. No presente trabalho, foi utilizada uma garrafa de gravidade específica para medir a gravidade específica do fuelóleo.

Aparelhos necessários:

- Máquina de pesagem
- Copo de 100 ml.

O hidrómetro é utilizado para testar a densidade. Devido à inviabilidade do hidrómetro, utilizámos o procedimento de pesagem. Neste processo, a água é inicialmente colocada num copo de 100 ml e pesada nesse copo, verificando-se o peso para conhecer o erro da máquina de pesagem. A leitura é de 100 gm, o que é bom. Agora, colocamos 100 ml de biodiesel no copo e pesamos, a leitura é de 836 gm, pelo que esta é a densidade do biodiesel atual

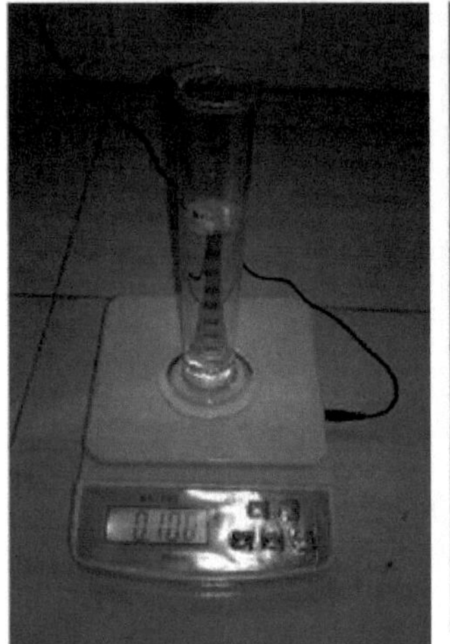

Fig.4.3 Ensaio de densidade.

DENSIDADE = 836 kg/mc.

Viscosidade: (ASTM D 445)

A viscosidade é uma medida da resistência de um fluido que está a ser deformado por uma tensão de cisalhamento. É a resistência de um líquido ao fluxo e descreve a resistência interna de um fluido. A viscosidade dinâmica é medida com vários tipos de viscosímetros, nomeadamente o viscosímetro de madeira vermelha, o viscosímetro de Saybolt e o viscosímetro de Engler.

Aparelhos necessários:

- Viscosímetro Redwood.
- Copo de 100 ml.
- Termómetro.

Procedimento:

Inicialmente, o biodiesel de óleo de milho é recolhido numa quantidade de 100 ml num copo. O gasóleo é vertido num cilindro de óleo disponível no viscosímetro. Encher o banho de aquecimento com água até à altura correspondente à ponta do indicador. Colocar o frasco de gravidade imediatamente abaixo do jato da válvula. Anotar o tempo necessário para a recolha de 50 ml de uma determinada amostra de óleo à temperatura ambiente. Aquecer a água por meio de alimentação eléctrica, sendo a temperatura controlada por meio de um regulador. Depois de atingir uma temperatura estável por agitação contínua, determinar o tempo necessário para recolher 50 ml de amostra de óleo, levantando a válvula de esfera. Repetir a experiência com temperaturas diferentes e anotar pelo menos 5 leituras.

CÁLCULOS:

Viscosidade cinemática t $(v) = At - \frac{B}{t}$ centistoke

Viscosidade absoluta $(\mu) = V^{*}$ pcentipoise

Fig. 4.4 Ensaio de viscosidade.

Valor de acidez: (ASTM D 6584)

O índice de acidez do combustível representa a resistência à corrosão do motor; com o aumento do índice de acidez do combustível, as peças do motor ficam corroídas.

PROCEDIMENTO:

O número de acidez é uma medida da quantidade de grupos de ácido carboxílico num composto químico, como o ácido gordo.

O aparelho necessário:

- Balão cónico.
- Frasco de medição.
- Máquina de pesagem.
- Bureta.
- Aquecedor

Produtos químicos necessários:

- Etanol (99% de pureza).
- Indicador de fenolftaleína.
- Hidróxido de potássio (KOH).

Coloca-se uma amostra de óleo de 2,5 g num frasco cónico e adicionam-se 20 ml de etanol. Coloca-se o balão numa placa de aquecimento e aquece-se a solução até à formação de bolhas. Em seguida, retira-se o balão da placa de aquecimento e sujeita-se a um arrefecimento rápido. Após arrefecimento, adicionam-se 2-3 gotas de indicador de fenolftaleína como indicador de cor. Em seguida, a solução é titulada com 1% de solução de KOH até a cor mudar para rosa pálido.

Leitura da bureta: 0.9

$$\textbf{Formula} = \left(\frac{urette\ reading}{oil\ sample\ weight}\right) * 5.6$$

Fórmula

Índice de acidez = 0,504mg de KOH/gm.

 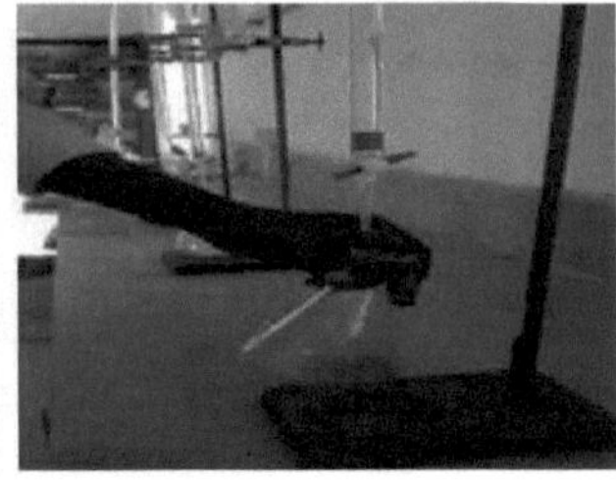

Fig. 4.5 Teste de ácido

NÚMERO CETAN:

O índice de cetano é uma medida relativa do intervalo entre o início da injeção e a auto-ignição do combustível. Quanto mais elevado for o índice de cetano, mais curto é o intervalo de atraso e maior é a sua combustibilidade. Os combustíveis com baixo índice de cetano provocam dificuldades de arranque, ruído e fumo nos gases de escape. Em geral, os motores diesel funcionam melhor com combustíveis com um índice de cetano superior a 49 C.
O número de cetano do biodiesel de óleo de milho foi testado por "Lucid Laboratories Pvt Limited", Hyderabad, e certificou que o número de cetano do biodiesel é 49. Utilizando o método de ensaio ASTM D4737.

COMPARAÇÃO DAS PROPRIEDADES DO BIODIESEL COM O GASÓLEO DE BASE

VALORES DE LINHA:

SL.NO	PROPRIEDADE	PROPRIEDADES DO GASÓLEO	MILHO BIO-DIESEL
1	CALORÍFICO VALOR	42.000 KJ/Kg	39912 KJ/Kg
2	PONTO DE FLASH	52-96^0 C	143°c
3	PONTO DE FOGO	62-106 C^0	149°c
4	PONTO DE NUVEM	(-6)-12°c	18°c
5	PONTO DE CORRENTE	(3)-20°c	-8°c
6	VALOR ÁCIDO	0,36 mg/KOH	-
7	DENSIDADE	0.824	0,836 kg/m^3
8	VISCOCIDADE	1,2 a 2(4,56)	4,363 mm^2 /sec
9	CETANE NÚMERO	40(48-50)	55.4

Tab. 4.1 Propriedades do biodiesel preparado e comparação com os valores de referência

CAPÍTULO-5

CONFIGURAÇÃO EXPERIMENTAL

A análise é efectuada no motor de injeção direta multicombustível refrigerado a água (MFVCR) com taxa de compressão variável computorizada. A experiência é efectuada a uma taxa de compressão constante (16,5) do motor. Inicialmente, efectuámos o teste de linha de base com gasóleo, depois com gasóleo e GPL e, em seguida, com óleo de milho, um biodiesel com misturas como Corn10, Corn20, Corn30 e Corn100, após o que comparámos os valores obtidos de combustão, desempenho e emissões com os valores de linha de base.

Pormenores do equipamento de ensaio e suas especificações:

O banco de ensaio do motor MFVCR é um motor de análise baseado em computador que utiliza diferentes sensores e termopares. Os sensores utilizados no presente equipamento de ensaio são utilizados para determinar a velocidade, o binário, o consumo de combustível, etc... São utilizados 6 termopares no equipamento de ensaio para medir a temperatura em vários pontos.

Especificações do motor:

- Motor: Motor de 4 tempos com taxa de compressão variável computorizada, multicombustível e injeção direta, arrefecido a água
- Marca: TECH-ED
- Motor básico: Kirloskar
- Potência nominal: 5 CV (DIESEL)
- Diâmetro do furo: 80 mm
- Comprimento do curso: 110 mm
- Comprimento da biela: 234 mm
- Volume de varrimento: 551cc
- Taxa de compressão: 5:1 a 20:1
- Velocidade nominal: 1500 rpm

Durante o funcionamento do motor, a análise do desempenho é feita com diferentes caudais a várias cargas. A análise das emissões é efectuada utilizando o INDUS SIX GAS SMOKEANALYZER & SMOKE METER. O analisador de fumos de seis gases indica a percentagem de CO (monóxido de carbono), NOx (óxido de azoto), SOx (óxido de enxofre), oxigénio (O2), dióxido de carbono (CO2), HC (hidrocarbonetos) e o medidor de fumos indica a quantidade de fumo proveniente do motor.

Fig5.1. configuração experimental

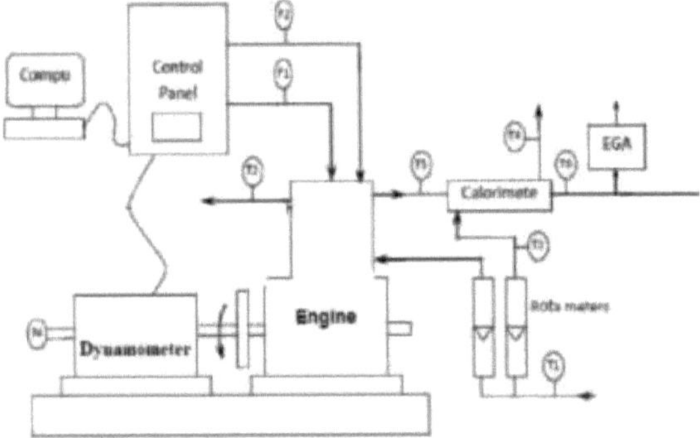

Diagrama de blocos da instalação experimental

No presente projeto, utilizámos um motor de compressão variável multicombustível (MFVCR). A totalidade do equipamento de ensaio está equipada com sensores para conhecer os valores exigidos pela experiência. O ensaio é integrado com sensores para conhecer as propriedades como a temperatura, o consumo de combustível, a pressão, a libertação de calor, o caudal de água, o caudal de ar, etc...

Sensores: O motor MFVCR completo está completamente integrado com sensores para conhecer as diferentes características durante o funcionamento do motor. O sensor é um dispositivo eletrónico que detecta qualquer coisa e a converte em forma de sinal elétrico. Seguem-se os sensores que são utilizados no presente equipamento de ensaio.

- Sensor de medição do binário.
- Sensor de medição da velocidade (tacómetro).
- Termopares.
- Sensor de combustão.

- Sensor de medição do consumo de combustível.
- Sensor de medição do caudal de água.

Sensor de medição do binário:

O sensor de binário é um dispositivo eletrónico que converte o binário em relação à aplicação da carga para a forma digital, utilizando corrente eléctrica.

Fig. 5.2. Sensor de medição do binário

Sensor de medição da velocidade: o sensor de velocidade é um dispositivo eletrónico que converte a velocidade do motor em formato digital. O sensor de velocidade é colocado perto do volante do motor e, com base nas rotações do volante, converte-as em formato digital. Ao utilizar este sensor, não são necessários dispositivos manuais de medição da velocidade, como o tacómetro, etc.

Fig.5.3 sensor de medição de velocidade

Termopares: os termopares são os dispositivos electrónicos que convertem a energia térmica em
forma digital. O termopar funciona segundo o princípio do efeito SEEBECK. No presente equipamento de ensaio são utilizados 6 termopares para medir as temperaturas pretendidas.

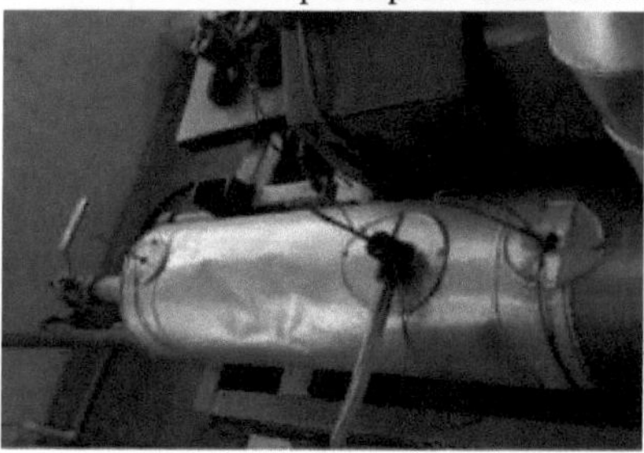

Fig.5.4 Termopares

Sensor de combustão: o sensor de combustão é uma das partes mais importantes do nosso equipamento de teste. O equipamento de teste de combustão é utilizado para encontrar a variação de pressão, a taxa de libertação de calor no interior da câmara de combustão. Este sensor fornecerá os valores necessários a cada manivela
ângulo.

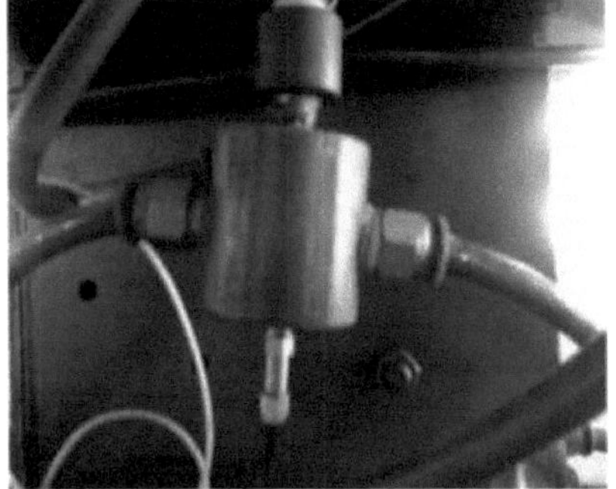

Fig.5.5 Sensor de combustão

Sensor de medição do consumo de combustível: O sensor de medição do consumo de combustível é um dispositivo que fornece as leituras BSFC (consumo específico de combustível de rutura), ISFC (consumo específico de combustível indicado).

Fig.5.6 Sensor de medição do consumo de combustível

Sensor de medição do fluxo de água: o sensor de medição do fluxo de água é um dispositivo eletrónico que converte o fluxo de água em formato digital. Este sensor mede a entrada de água na camisa de água do motor e o caudal de água no calorímetro.

Fig. 5.7 Sensor de medição do caudal de água

Aparelhos necessários para a análise das emissões:

A análise das emissões é efectuada utilizando o INDUS SIX GAS SMOKE ANALYZER & SMOKE METER.

Analisador de fumos Indus de seis gases:

O analisador de fumos de seis gases indica a percentagem de CO

(monóxido de carbono), NOx (óxido de azoto), SOx (óxido de enxofre), oxigénio (O2),

O medidor de dióxido de carbono (CO2), de HC (hidrocarbonetos) e de fumo indica a quantidade de fumo proveniente do motor.

Contador de fumo:

O medidor de fumo indica a intensidade do fumo proveniente do motor.

Experimentação:

- No presente projeto, realizámos inicialmente um teste de base, ou seja, utilizando gasóleo e anotámos todos os valores.
- Agora, o trabalho principal é verificar o desempenho do biodiesel de ponagâmia. Inicialmente, o biodiesel de ponagâmia é utilizado como combustível
- Agora, a operação de combustível duplo utilizando biodiesel de ponagamia com GPL a 0,5, 1,0, 1,5 litros/min de caudais.

O ensaio é efectuado com o motor MFVCR. Os valores necessários são completamente fornecidos pelo computador.

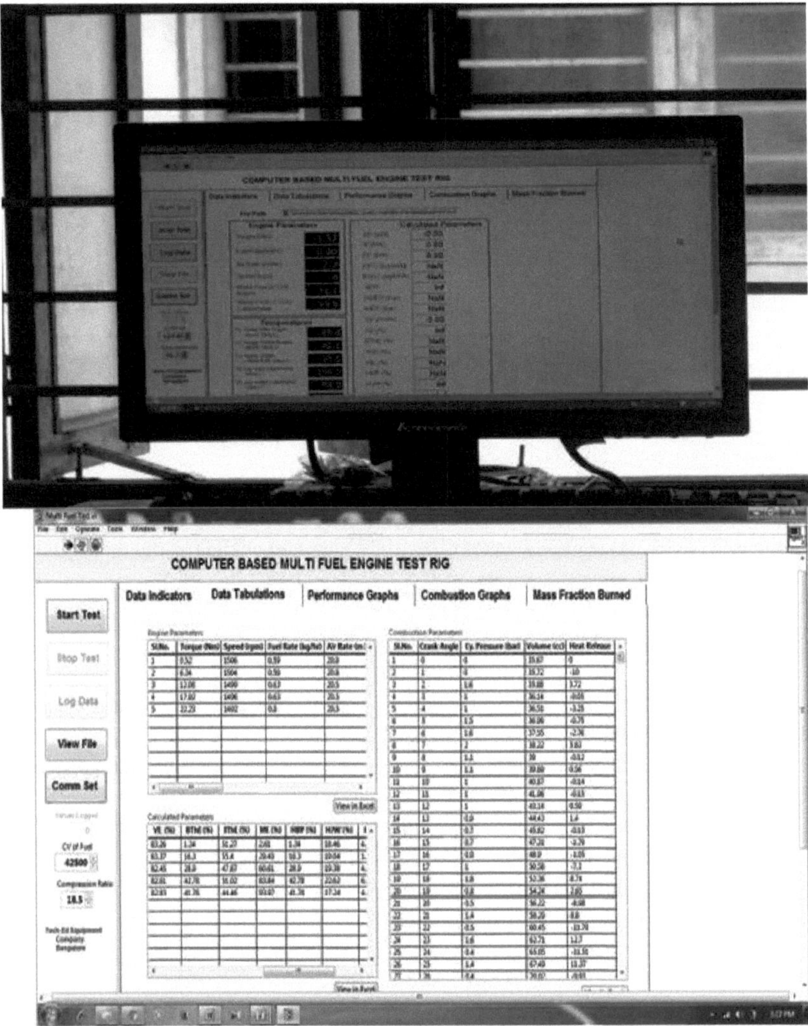

Fig. 6.9 Resultados obtidos por computador

CAPÍTULO-6

CÁLCULOS MANUAIS

O presente projeto é completado por um motor computorizado e baseado em software. Para verificar o erro do software, efectuámos os cálculos manualmente para PGM-LPG 1.5 a 100% de carga.

1. B.P= $\frac{2\pi NT}{60000}$ KW

2. I.P = $\frac{PLAN}{60}$ kw

3. FRICTION POWER:

   FP = IP-BP KW

4. BRAKE SPECIFIC FUEL CONSUMPTION:

   BSFC = $\frac{Mfc}{BP}$ kg/kw

5. INDICATED SPECIFIC FUEL CONSUMPTION:

   ISFC = $\frac{Mfc}{IP}$ Kg/Kwh

6. SWEPT VOLUME:

   $Vs = (\pi d2 \frac{1}{4}) * L * (\frac{N}{2}) * 60$ m³/h

7. BRAKE THERMAL EFFICIENCY = $\frac{BP*3600*100}{Mfc*CV}$%

8. INDICATED THERMAL EFFICIENCY

   $IP = \frac{IP*3600*100}{Mfc*CV}$

CAPÍTULO-7

OBSERVAÇÕES

A experiência é feita no motor de taxa de compressão variável multi-combustível (MFVCR). Os resultados são completamente fornecidos pelo computador. Seguem-se as observações retiradas do computador.

Observações sobre o gasóleo:

S.N.	Velocidade (rpm)	Carga (kg)	Rácio de composição	Tl (graus C)	T2 (graus C)	T3(graus C)	T4 (graus C)	T5(graus C)	T6 (graus C)	Ar (mm WC)	Combustível (cc/min)	Caudal de água do motor (lp h)	Caudal de água Cal (Iph)
1	1548	0.49	16.00	30.98	39.41	31.01	38.25	178.66	125.68	68.91	8.00	150	100
2	1555	2.93	16.00	31.05	42.42	31.06	38.98	205.12	136.50	67.06	10.00	150	100
3	1520	5.95	16.00	31.16	47.05	31.15	40.86	251.07	158.79	64.78	13.00	150	100
4	1504	8.91	16.00	31.25	50.21	31.24	43.73	298.80	185.06	63.30	17.00	150	100
5	1482	11.98	16.00	31.31	54.66	31.32	47.94	351.96	212.36	61.22	20.00	150	100

PARÂMETROS DE DESEMPENHO DO

Dados do Resultado

S. N.	Torque (Nm)	BP (kW)	FP (kW)	IP (kW)	BMEP (bar)	IMEP (bar)	BTHE (%)	ITHE (%)	Eficácia mecânica (%)	Fluxo de ar (kg/h)	Fluxo de combustível (kg/h)	SFC (kg/kWh)	Vol Eff (%)	A/F Rácio	HBP (%)	HJW (%)	HGas (%)	HRad (%)
1	0.88	0.14	2.35	2.49	0.17	2.92	2.68	46.76	5.73	27.15	0.46	3.21	75.30	59.23	2.68	27.58	26.17	43.57
2	5.31	0.87	2.39	3.25	1.01	3.80	13.27	49.91	26.59	27.00	0.56	0.65	74.54	48.19	13.27	30.42	25.10	31.21
3	10.79	1.72	2.32	4.04	2.05	4.82	19.32	45.40	42.57	26.42	0.76	0.44	74.61	34.57	19.32	31.17	22.83	26.67
4	16.17	2.55	2.17	4.72	3.07	5.69	23.87	44.19	54.01	25.65	0.92	0.36	73.23	27.98	23.87	31.00	22.56	22.56
5	21.75	3.38	2.44	5.81	4.13	7.12	27.12	46.71	58.05	25.24	1.07	0.32	73.11	23.59	27.12	32.72	22.90	17.27

DESEMPENHO DO DIESEL(BIOO)

Dados de observação

Velocidade (rpm)	Carga	Rácio de composiçã	Tl (deg	T2 (deg	T3(deg C)	T4 (deg	T5 (deg	T6 (deg	Ar (mm	Combustível (cc/min)	ÁguaFlow	Caldo

	(kg)	o	C)	C)		C)	C)	C)	W C)		Motor (Iph)	fluxo de água (Iph)
1546	0.47	17.50	30.00	33.92	30.00	35.04	121.55	92.08	68.60	8.00	150	100
1529	3.19	17.50	30.03	36.64	30.03	37.11	152.05	110.64	66.78	10.00	150	100
1509	6.17	17.50	30.07	38.82	30.07	39.67	188.97	129.44	64.42	13.00	150	100
1488	8.98	17.50	30.05	41.07	30.05	43.34	233.63	155.41	62.13	16.00	150	100
1473	12.07	17.50	30.07	43.55	30.07	47.69	284.05	182.48	59.97	20.00	150	100

Dados do resultado

Binário (Nm)	BP (kW)	FP (kW)	IP (kW)	BMEP (bar)	IMEP (bar)	BTHE (%)	ITHE (%)	Eficácia mecânica (%)	Binário (Nm)	Fluxo de ar (kg/h)	Fluxo de combustível (kg/h)	SFC (kg/kWh)	Vol Eff (%)	A/F Rácio	HBP (%)	HJW (%)	HGas (%)	HRad (%)
0.85	0.14	1.59	1.73	0.16	2.03	3.01	37.55	8.01	0.85	26.97	0.41	3.00	74.90	65.04	3.01	14.87	18.77	63.35
5.79	0.93	1.45	2.38	1.10	2.82	16.14	41.41	38.97	5.79	26.61	0.52	0.56	74.72	51.34	16.14	20.05	19.67	44.14
11.20	1.77	1.38	3.15	2.13	3.79	23.69	42.14	56.23	11.20	26.14	0.67	0.38	74.36	38.79	23.69	20.44	19.37	36.50
16.31	2.54	1.37	3.91	3.10	4.77	27.63	42.56	64.92	16.31	25.67	0.83	0.33	74.06	30.95	27.63	20.90	19.84	31.63
21.90	3.38	1.36	4.74	4.16	5.83	29.38	41.21	71.31	21.90	25.22	1.04	0.31	73.50	24.32	29.38	20.45	19.57	30.60

COME BIODIESEL (BIO) PERFORMACE

Dados de observação

Velocidade (rpm)	Carga (kg)	Rácio de composição	T1 (deg C)	T2 (deg C)	T3(deg C)	T4 (deg C)	T5 (deg C)	T6 (deg C)	Ar (mm W C)	Combustível (cc/min)	ÁguaFlow Motor (Iph)	Cal do fluxo de água (Iph)
1558	0.61	17.50	28.94	32.17	28.94	33.42	124.02	91.20	69.77	9.00	150	100
1535	3.12	17.50	28.9	34.6	28.98	35.6	151.1	106.9	67.61	11.00	150	100

			8	8		4	5	7				
1514	6.00	17.50	29.02	37.56	29.02	38.70	191.42	131.36	64.52	13.00	150	100
1491	9.03	17.50	29.05	40.23	29.05	41.19	228.42	151.57	62.51	16.00	150	100
1476	12.00	17.50	29.09	43.73	29.09	45.80	280.93	182.28	60.22	20.00	150	100

Dados do resultado

S. N.	Binário (Nm)	BP (kW)	FP (kW)	IP (kW)	BMEP (bar)	IMEP (bar)	BTHE (%)	ITHE (%)	Eficácia mecânica (%)	Fluxo de ar (kg/h)	Fluxo de combustível (kg/h)	SFC (kg/kWh)	Vol Eff (%)	A/F Rácio	HBP (%)	HJW (%)	HGas (%)	HRad (%)
1	1.11	0.18	2.17	2.35	0.21	2.74	3.50	45.35	7.73	27.20	0.45	2.47	74.95	60.54	3.50	10.88	17.23	68.38
2	5.66	0.91	1.94	2.85	1.08	3.37	14.35	44.97	31.92	26.78	0.55	0.60	74.89	48.76	14.35	15.69	17.83	52.13
3	10.89	1.73	1.85	3.58	2.07	4.28	23.04	47.70	48.30	26.16	0.65	0.38	74.17	40.31	23.04	19.87	19.60	37.49
4	16.39	2.56	1.75	4.31	3.11	5.24	27.74	46.69	59.41	25.75	0.80	0.31	74.13	32.24	27.74	21.13	19.32	31.81
5	21.79	3.37	1.75	5.12	4.14	6.29	29.20	44.37	65.81	25.27	1.00	0.30	73.50	25.31	29.20	22.14	19.28	29.38

DESEMPENHO DO BIODIESEL COME (B20)

Dados de observação

S. NO	Velocidade (rpm)	Carga (kg)	Rácio de composição	Tl (deg C)	T2 (deg C)	T3(deg C)	T4 (deg C)	T5 (deg C)	T6 (deg C)	Ar (mm W C)	Combustível (cc/min)	Motor de baixo consumo de água (Iph)	Cal. baixo da água (Iph)
1	1542	0.64	17.50	31.08	35.22	31.08	36.04	130.08	99.85	67.94	8.00	150	100
2	1520	3.29	17.50	31.09	37.26	31.09	37.17	153.91	112.26	65.72	10.00	150	100
3	1511	6.09	17.50	31.09	39.64	31.09	39.10	187.84	130.46	64.59	13.00	150	100
4	1481	9.20	17.50	31.08	42.84	31.08	42.85	231.35	155.32	61.24	16.00	150	100
5	1472	12.12	17.50	31.08	45.31	31.08	47.00	278.77	182.87	59.98	19.00	150	100

Dados do resultado

S. N.	Binário (Nm)	BP (kW)	FP (kW)	IP (kW)	BMEP (bar)	IMEP (bar)	BTHE (%)	ITHE (%)	Eficácia mecânica (%)	Fluxo de ar (kg/h)	Fluxo de combustível (kg/h)	SFC (kg/kWh)	Vol Eff (%)	A/F Rácio	HBP (%)	HJW (%)	HGas (%)	HRad (%)
1	1.15	0.19	1.62	1.81	0.22	2.13	4.04	39.16	10.32	26.84	0.40	2.13	74.73	67.54	4.04	15.65	20.29	60.03
2	5.98	0.95	1.62	2.57	1.14	3.07	16.49	44.62	36.96	26.40	0.50	0.52	74.56	53.14	16.49	18.66	19.73	45.11
3	11.05	1.75	1.63	3.38	2.10	4.06	23.33	45.05	51.77	26.17	0.65	0.37	74.36	40.52	23.33	19.88	19.18	37.62
4	16.69	2.59	1.61	4.20	3.17	5.15	28.06	45.55	61.59	25.49	0.79	0.31	73.87	32.06	28.06	22.22	19.40	30.32
5	21.99	3.39	1.59	4.98	4.18	6.13	30.93	45.41	68.11	25.22	0.94	0.28	73.56	26.72	30.93	22.65	20.04	26.38

DESEMPENHO DO BIODIESEL COME (B30)

Dados de observação

S. N.	Velocidade (rpm)	Carga (kg)	Rácio de composição	Tl (graus C)	T2 (graus C)	T3(graus C)	T4 (graus C)	T5(graus C)	T6 (graus C)	Ar (mm W C)	Combustível (cc/min)	Água Flow Motor (lph)	Cal do fluxo de água (lph)
1	1548	0.69	17.50	29.16	32.48	29.17	33.85	137.48	104.19	68.98	8.00	150	100
2	1533	3.10	17.50	29.22	35.29	29.22	35.25	157.94	114.83	67.71	10.00	150	100
3	1503	6.28	17.50	29.25	38.11	29.26	37.53	191.46	132.56	64.68	13.00	150	100
4	1487	9.08	17.50	29.28	41.25	29.28	40.03	228.10	152.75	62.28	16.00	150	100
5	1476	11.98	17.50	29.34	44.78	29.34	44.16	277.08	182.39	59.98	20.00	150	100

Dados do resultado

S. NO	Binário (Nm)	BP (kW)	IP (kW)	BMEP (bar)	IMEP (bar)	BTHE (%)	ITHE (%)	Eficácia mecânica (%)	Fluxo de ar (kg/h)	Fluxo de combustível (kg/h)	SFC (kg/kWh	Vol Eff (%)	A/F Rácio	HBP (%)	HJW (%)	HGas (%)	HRad (%)

											)						
1	1.26	0.20	2.02	0.24	2.36	4.39	43.53	10.09	27.05	0.40	1.98	75.01	67.09	4.39	12.50	21.82	61.30
2	5.63	0.90	2.61	1.07	3.09	15.61	45.08	34.62	26.80	0.50	0.56	75.04	53.17	15.61	18.28	20.57	45.54
3	11.40	1.79	3.56	2.17	4.30	23.82	47.26	50.40	26.19	0.66	0.37	74.81	39.97	23.82	20.52	19.54	36.11
4	16.49	2.57	4.31	3.13	5.25	27.70	46.46	59.62	25.70	0.81	0.31	74.20	31.87	27.70	22.53	19.17	30.60
5	21.73	3.36	5.03	4.13	6.18	29.00	43.43	66.77	25.22	1.01	0.30	73.36	25.02	29.00	23.24	18.87	28.89

COME20 BIODIESEL COM ADIÇÃO DE NANO PARTÍCULAS (B20+CeO_2 25PPM) PERFORMANCE

Dados de observação

S. N.	Velocidade (rpm)	Carga (kg)	Rácio de composição	Tl (graus C)	T2(graus C)	T3(graus C)	T4 (graus C)	T5 (graus C)	T6 (graus C)	Ar (mm W C)	Combustível (cc/min)	Motor de baixo consumo de água (Iph)	Cal. baixa da água (Iph)
1	1512	0.61	17.50	31.68	34.66	31.68	36.80	134.94	103.97	66.67	7.00	150	100
2	1505	3.19	17.50	31.68	37.21	31.68	38.85	157.13	115.58	65.76	9.00	150	100
3	1496	6.11	17.50	31.68	40.31	31.68	41.45	192.10	135.37	64.30	12.00	150	100
4	1480	9.21	17.50	31.68	42.96	31.67	44.54	235.04	159.48	61.83	15.00	150	100
5	1470	12.13	17.50	31.69	46.34	31.69	45.65	283.05	188.29	60.00	19.00	150	100

Dados do resultado

S. N.	Binário (Nm)	BP (kW)	FP (kW)	IP (kW)	BMEP (bar)	IMEP (bar)	BTHE (%)	ITHE (%)	Eficácia mecânica (%)	Fluxo de ar (kg/h)	Fluxo de combustível (kg/h)	SFC (kg/kWh)	Vol Eff (%)	A/F Rácio	HBP (%)	HJW (%)	HGas (%)	HRad (%)
1	1.11	0.18	1.64	1.81	0.21	2.18	4.29	44.48	9.65	26.59	**0.35**	2.02	75.50	75.37	4.29	12.77	23.79	59.15
2	5.79	0.91	1.79	2.70	1.10	3.25	17.41	51.52	33.79	26.41	**0.45**	0.50	75.33	58.22	17.41	18.42	22.24	41.93
3	11.09	1.74	1.90	3.63	2.11	4.41	24.86	52.01	47.79	26.11	**0.60**	0.35	74.94	43.18	24.86	21.56	21.05	32.54

4	16.72	2.59	1.82	4.41	3.18	5.40	29.67	50.46	58.80	25.61	**0.76**	0.29	74.28	33.87	29.67	22.54	20.94	26.86
5	22.01	3.39	1.79	5.18	4.18	6.40	30.64	46.85	65.40	25.23	**0.96**	0.28	73.67	26.34	30.64	23.10	20.20	26.06

COME20 BIODIESEL COM NANO PARTICLECAL (B20+ CeO_2 50ppm)

PERFORMANCE

Dados de observação

S.N.	Velocidade (rpm)	Carga (kg)	Rácio de composição	Tl (graus C)	T2 (graus C)	T3 (graus C)	T4 (graus C)	T5 (graus C)	T6 (graus C)	Ar (mm W C)	Combustível (cc/min)	Motor de baixo consumo de água (Iph)	Cal. baixa da água (Iph)
1	1513	0.62	17.50	31.68	34.81	31.68	36.79	136.22	105.23	66.36	7.00	150	100
2	1523	3.15	17.50	31.69	36.87	31.69	38.63	158.20	116.08	65.91	9.00	150	100
3	1499	5.96	17.50	31.68	39.91	31.68	41.03	192.02	134.77	63.36	12.00	150	100
4	1483	9.09	17.50	31.69	42.45	31.68	43.40	230.52	156.24	61.87	15.00	150	100
5	1471	12.08	17.50	31.68	46.12	31.68	48.02	287.83	191.85	59.63	18.00	150	100

Dados do resultado

Dados do resultado	Dados do resultado	Dados do resultado	Dados do resultado	Dados do resultado	Dados do resultado	Dados do resultado	Dados do resultado	Dados do resultado	Dados do resultado	Dados do resultado	Dados do resultado	Dados do resultado	Dados do resultado	Dados do resultado	Dados do resultado	Dados do resultado	Dados do resultado	Dados do resultado
Dados do resultado	Dados do resultado	Dados do resultado	Dados do resultado	Dados do resultado	Dados do resultado	Dados do resultado	Dados do resultado	Dados do resultado	Dados do resultado	Dados do resultado	Dados do resultado	Dados do resultado	Dados do resultado	Dados do resultado	Dados do resultado	Dados do resultado	Dados do resultado	Dados do resultado
Dados do resultado	Dados do resultado	Dados do resultado	Dados do resultado	Dados do resultado	Dados do resultado	Dados do resultado	Dados do resultado	Dados do resultado	Dados do resultado	Dados do resultado	Dados do resultado	Dados do resultado	Dados do resultado	Dados do resultado	Dados do resultado	Dados do resultado	Dados do resultado	Dados do resultado
Dados	Dados	Dados	Dados	Dados	Dados	Dados	Dados	Dados	Dados	Dados	Dados	Dados	Dados	Dados	Dados	Dados	Dados	Dados

do resultado	do resultado	do resultado	do resultado	do resultado	do resultado	do resultado	do resultado	do resultado	do resultado	do resultado	do resultado	do resultado	do resultado	do resultado	do resultado	do resultado	do resultado	do resultado
Dados do resultado	Dados do resultado	Dados do resultado	Dados do resultado	Dados do resultado	Dados do resultado	Dados do resultado	Dados do resultado	Dados do resultado	Dados do resultado	Dados do resultado	Dados do resultado	Dados do resultado	Dados do resultado	Dados do resultado	Dados do resultado	Dados do resultado	Dados do resultado	Dados do resultado
Dados do resultado	Dados do resultado	Dados do resultado	Dados do resultado	Dados do resultado	Dados do resultado	Dados do resultado	Dados do resultado	Dados do resultado	Dados do resultado	Dados do resultado	Dados do resultado	Dados do resultado	Dados do resultado	Dados do resultado	Dados do resultado	Dados do resultado	Dados do resultado	Dados do resultado

CAPÍTULO-8

RESULTADOS E ANÁLISE

ANÁLISE DO DESEMPENHO:

BP v/s CARGA:

A potência de travagem de um motor I.C. é a potência disponível na cambota. Foram comparadas diferentes misturas de combustível de biodiesel de milho com biodiesel convencional.

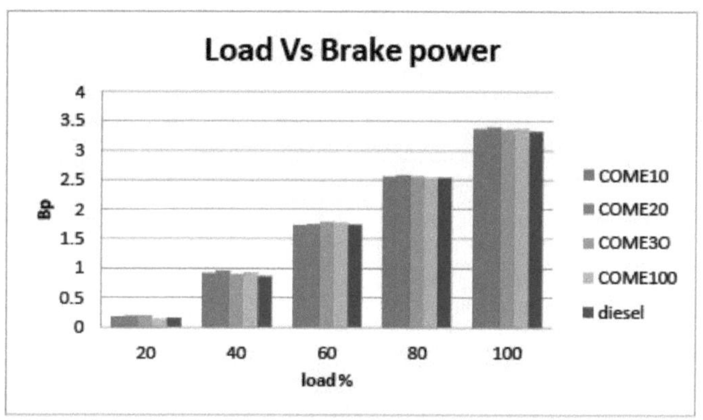

Observações:

1. Observando o gráfico BP que varia linearmente em relação à Carga
2. Em todas as cargas, o COME20 tem a potência de travagem mais elevada.
3. A plena carga, a mistura COME 20 está a produzir um BP mais elevado de 3,39kw. É superior à do gasóleo puro.

SFC v/s BP:

O consumo específico de combustível é uma medida da eficiência do combustível de qualquer motor principal que queime combustível e produza energia. É utilizado para comparar a eficiência de um motor de ignição por compressão. O consumo específico de combustível é considerado principalmente para fins económicos em condições de carga mais elevadas, em que o combustível apresenta um valor SFC baixo, sendo utilizado como combustível económico.

Bp Vs Sfc

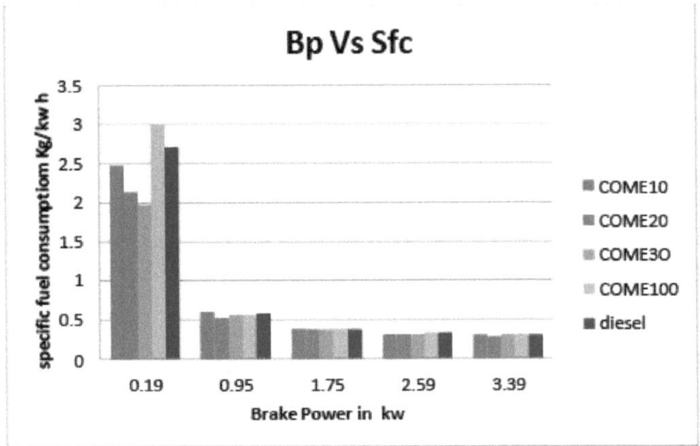

Fig. 8.2 Diagrama CARGA v/s SFC

Observações:

1. Observando o gráfico BP Vs SFC, o BSFC está a diminuir linearmente para todas as combinações de combustível em função da potência de travagem.
2. A indicação do SFC é para efeitos de economia. Comparando todas as combinações de combustível, o COME 20 tem o menor SFC de 0,28 kg/kwh.
3. O poder calorífico da mistura COME20 é quase igual ao do gasóleo puro, pelo que produz menos bsfc em comparação com as restantes misturas.

BP v/s BTHE:

O BTHE é definido como a potência de rutura de um motor térmico em função da entrada térmica do combustível. É utilizado para avaliar a eficácia com que um motor converte o calor de um combustível em energia mecânica.

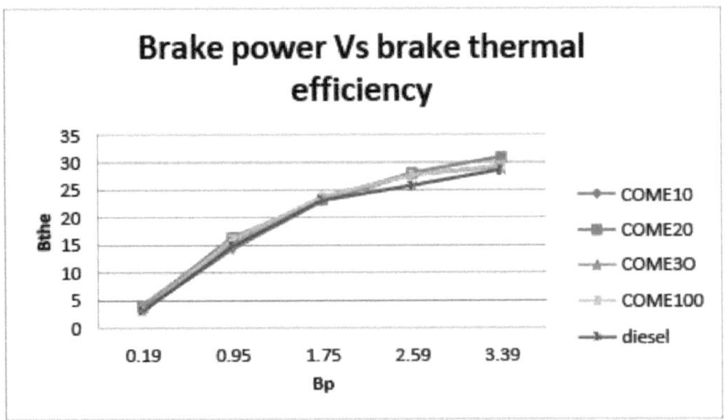

Fig. 8.3 Diagrama BP v/s BTHE

Observações:

1. O BThe está a aumentar linearmente em relação à carga para todas as combinações de

combustível

2. A combinação COME20 está a produzir mais Bthe a plena carga de 3,39Kw de combinações de potência de travagem.

3. A mistura COME20 está a produzir um bthe mais elevado de 30,93% a plena carga.

Foi observado o BTE para várias misturas. O gráfico de BTE em função da potência de travagem é apresentado na Fig. A comparação de BTE para COME10, COME20, COME30 e COME100 é apresentada no gráfico. Verifica-se que o COME20 proporciona um melhor BTE em todas as BP em comparação com o gasóleo normal.

BP v/s BMEP:

O termo **BMEP** é um termo de engenharia que significa Brake Mean Effective Pressure (pressão efectiva média do travão). Média é outra palavra que significa média, que neste caso significa pressão efectiva média de todos os ciclos de curso. Este termo é utilizado para avaliar todos os motores, sejam eles de dois ou quatro ciclos.

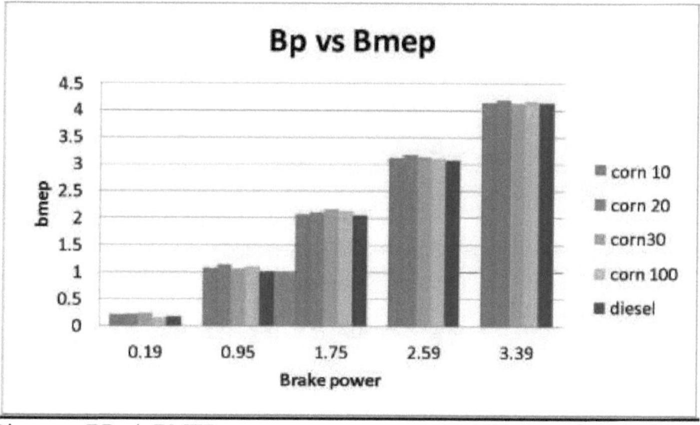

Fig. 8.3 Diagrama BP v/s BMEP,

Observações:

1. Ao observar o gráfico BP Vs BMEP, todas as combinações de combustível estão a variar linearmente com pequenos desvios.

2. O COME20 está a produzir o BMEP mais elevado a plena carga.

3. Em condições de plena carga, a mistura COME20 produzirá o BMEP máximo, pelo que produzirá a potência máxima.

BP vs Mech eff:

A eficiência mecânica mede a eficácia de uma máquina na transformação da energia e da potência que é introduzida no dispositivo numa força e num movimento de saída.

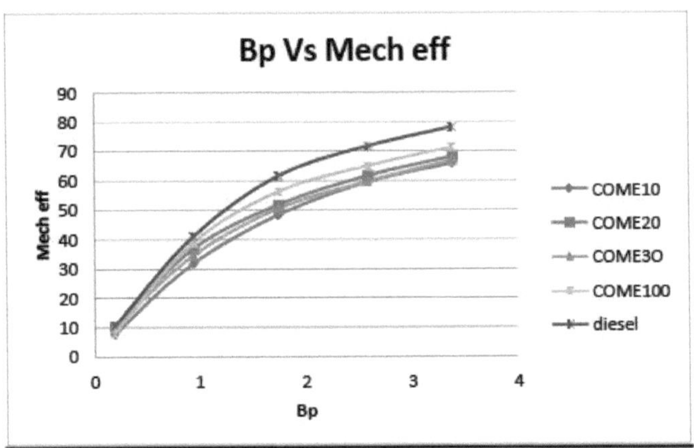

Fig 8.4 Diagrama BP v/s Esforço Mecânico.

Observações:

1. Foi observada a eficiência mecânica para várias misturas. O gráfico da eficiência mecânica em função da potência de travagem é apresentado na figura.
2. A comparação da eficiência mecânica para COME10, COME20, COME30, &COME100 e gasóleo é apresentada no gráfico. Verificou-se que o gasóleo proporciona uma melhor eficiência mecânica em comparação com as outras misturas.
3. Observando o gráfico acima, a mistura COME100 apresenta melhor eficiência mecânica do que as outras misturas.

BPvs ∩vol :

A eficiência volumétrica num motor de combustão interna é definida como o rácio entre a densidade da massa da mistura ar-combustível introduzida no cilindro à pressão atmosférica durante o curso de admissão e a densidade da massa do mesmo volume de ar no coletor de admissão.

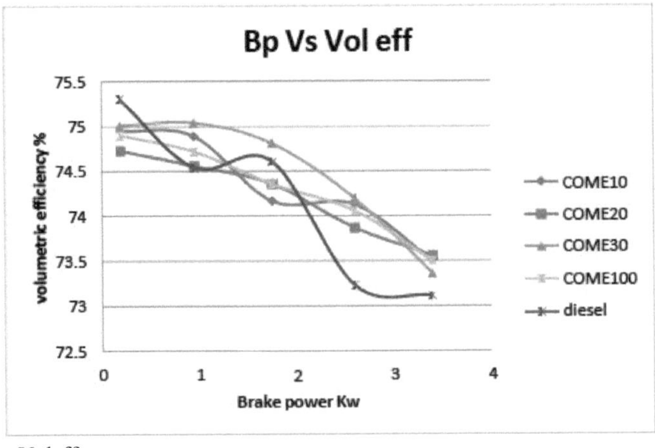

Fig. 8.5 BPvsVoleff

Observações:

Foi observada a eficiência volumétrica para diferentes misturas. O gráfico da eficiência volumétrica em função do BP é apresentado na figura. Comparando as diferentes misturas com o gasóleo, o gasóleo tem a eficiência volumétrica mais elevada do que as misturas. Das misturas, a COME20 apresenta uma melhor eficiência volumétrica a uma TA mais elevada.

ANÁLISE DAS EMISSÕES:

Carga v/s CO:

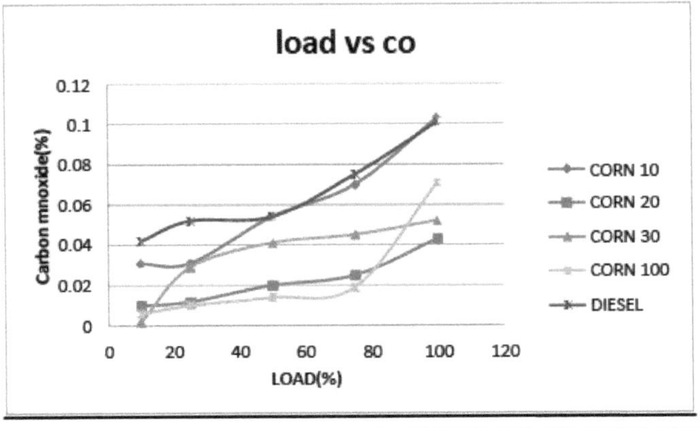

Fig. 8.8LoadvsCO

Observações:

As emissões de CO do motor ocorrem devido à oxidação parcial da mistura de combustível. A taxa de formação de CO é uma função do combustível não queimado e da temperatura da mistura durante a combustão. A variação das emissões de CO em função da potência de travagem é mostrada na Fig. Observa-se que o COME20 tem baixas emissões de CO, a carga parcial, em comparação com o gasóleo puro. A emissão de CO aumenta com cargas mais elevadas.

CAUSAS DAS EMISSÕES DE CO

- A principal razão para a emissão de CO é a combustão incompleta.
- Devido a um filtro de ar seco defeituoso.
- Mistura da relação ar/combustível
- Fuga de óleo lubrificante para a câmara de combustão.

EFEITOS ADVERSOS NO SER HUMANO E NO AMBIENTE:

- O CO é um gás incolor e tóxico.
- A respiração do CO provoca tonturas, dores de cabeça e doenças cardiovasculares.
- É um gás poluente que aumenta a poluição atmosférica e é também um gás com efeito de estufa.

Carga v/s HC:

Carga vs HC

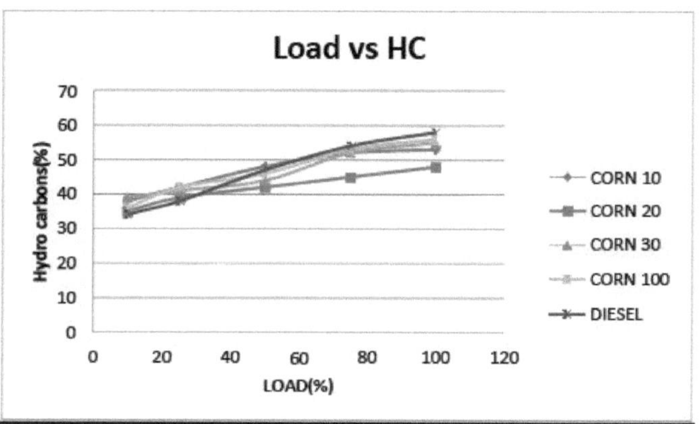

Fig. 8.9 Diagrama carga v/s HC

Observações:

As comparações das emissões de hidrocarbonetos para o gasóleo simples e para o biodiesel são mostradas na Fig. Em comparação com o gasóleo de base, as emissões de hidrocarbonetos diminuíram no COME20. A partir da figura, todos os parâmetros têm pequenas variações e, em condições de plena carga, o COME20 tem baixas emissões de hidrocarbonetos.

CAUSAS DAS EMISSÕES DE HC:

- A má qualidade do combustível provoca emissões elevadas de HC.
- Vestígios de combustível não queimado na câmara de combustão.
  - Baixa aspiração do ar ambiente para a câmara de combustão.

EFEITOS ADVERSOS NO SER HUMANO E NO AMBIENTE:

- As emissões de HC dos veículos causam irritação nos órgãos respiratórios.
- As emissões de HC reagem com a camada de ozono e perfuram-na.
- As emissões de HC são aldeídos, nitratos de alquilo e cetonas que reagem com o ambiente e criam poluição atmosférica.

Carga v/s NOx:

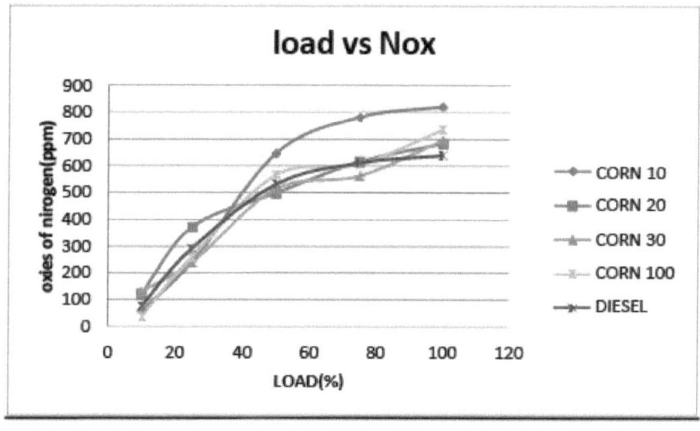

Fig. 8.10 Diagrama carga v/s NOx

Observações:

A taxa de formação de NOX depende da temperatura do gás no interior do cilindro. O NO x forma-se em regiões de gás queimado a alta temperatura. A comparação das variações das emissões de NOx com a substituição de diferentes misturas é mostrada na Fig. Observa-se um aumento das emissões de NOx, que diminuem a plena carga. É evidente que as emissões de NOx aumentam com o aumento da carga. Isto pode dever-se à redução do ar fresco na combustão, o que aumenta o atraso da ignição, resultando numa redução da temperatura de pressão máxima do cilindro. A partir do gráfico acima, o gasóleo apresenta baixas emissões em comparação com as outras misturas.

CAUSA DAS EMISSÕES DE NOx:

- Temperaturas elevadas na câmara de combustão.
- Sistema de injeção deficiente.
- Má conceção do motor e do sistema de lubrificação.
- Baixos níveis de oxigénio no ar ambiente.

EFEITOS ADVERSOS NO SER HUMANO E NO AMBIENTE:

- O NO reage com o ambiente formando NO2, que causa problemas de saúde, especialmente nas pessoas com doenças respiratórias.
- Os NOx contribuem para a formação de smog e de chuvas ácidas que podem danificar a vegetação.
- Os NOx contribuem para a destruição da camada de ozono e para a alteração das condições climáticas.

8.4.ANÁLISE DE DESEMPENHO COM ADITIVOS:

Observa-se que o COME20 tem boas características de desempenho em comparação com as outras misturas e o gasóleo. Para melhorar as características de desempenho da mistura COME20, adicionam-se aditivos de combustível, tais como óxido de cério nano prático, ao COME20 em duas concentrações diferentes (nano25ppm ,50ppm).

Load vs BP:

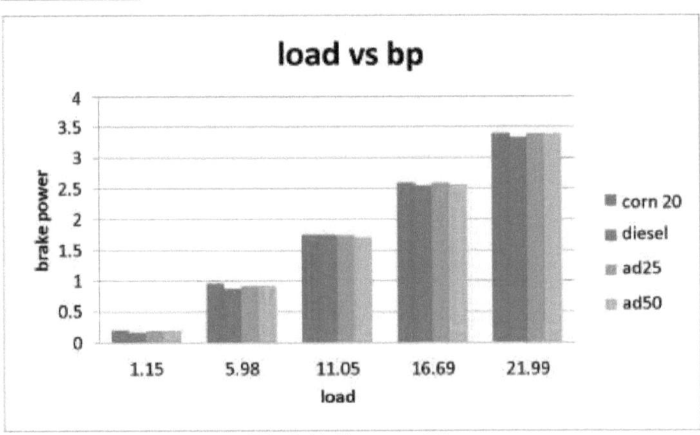

Fig.8.11 Carga vs BP

Observações:

Observa-se que o gráfico é traçado entre a carga e a pressão arterial. A partir do gráfico acima, COME20+nano5Oppm tem a pressão arterial mais elevada. A carga varia linearmente com a TA, mas tem uma variação muito pequena entre as outras misturas e o gasóleo. Em condições de plena carga, a mistura COME20+nano5Oppm apresenta a TA mais elevada.

BP vs qbth

bp vs bthe

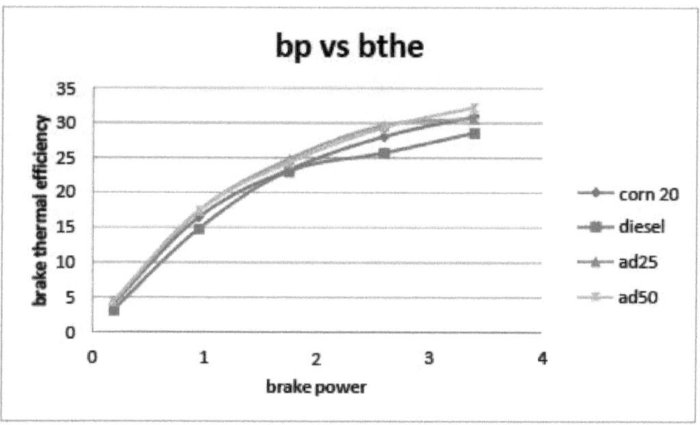

Fig.8.12 BP vs Bthe eff

Observações:

Observa-se que o gráfico desenha a potência do travão em função da eficiência térmica do travão.

A partir do gráfico, o COME20+nano5Oppm tem uma eficiência térmica elevada em comparação com as outras misturas e com o gasóleo. Ao observar o gráfico acima, o COME20+nano5Oppm apresenta uma eficiência térmica de travagem mais elevada (32,224%) a 3,39 kw de potência de travagem. Isto pode ser atribuído ao teor de oxigénio extra das misturas de biodiesel, que melhora o processo de combustão, tendendo a aumentar o BTE do motor.

BP v/s BMEP :

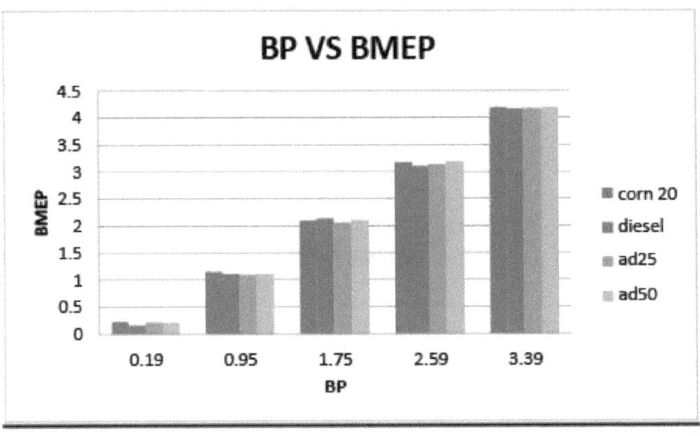

2 BP vs BMEP

Observações: Ao observar o gráfico, todas as combinações de combustível estão a variar linearmente com pequenos desvios. O gasóleo e o COME20+nano50ppm produzem o BMEP mais elevado a uma pressão de 4,18 bar, pelo que ambos têm o BP mais elevado. Em condições de plena carga, o COME20+nano50ppm produzirá o BMEP máximo, pelo que produzirá a potência máxima. É recomendável para cargas mais elevadas **BPvs SFC**

A consideração do consumo específico de combustível é principalmente para fins económicos em condições de cargas mais elevadas, nas quais o combustível dará um valor SFC baixo que é utilizado como combustível económico.

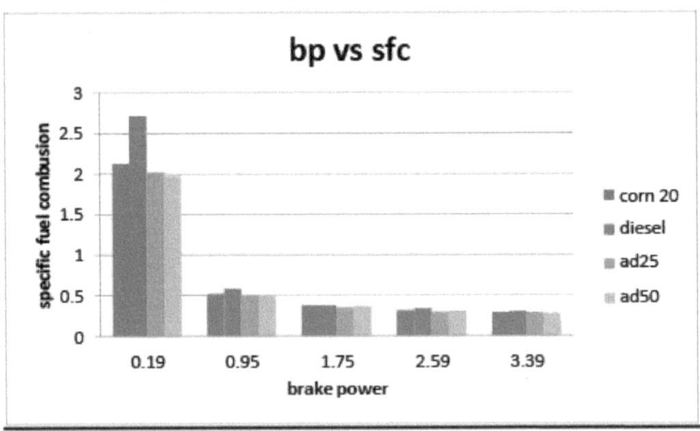

Fig.8.13 BP vs SFC

3 BPvsSFC

Observações:

Observando o SFC v/s BP, o BSFC está a diminuir linearmente para todas as combinações de combustível em função da carga. A indicação de SFC é para economia. Comparando todas as combinações de combustível, a combinação COME20 +nano50ppm tem o BSFC mais baixo de 0,27Kg/kwh e a combinação COME tem um menor consumo de combustível.

BP vs Mech eff:

bp vs mech eff

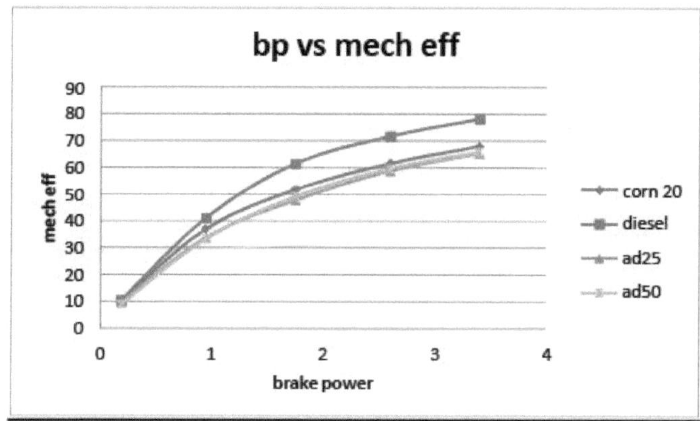

Fig.12 4 BP vs Mech eff

Observações:

Foi observada a eficiência mecânica de várias misturas. O gráfico da eficiência mecânica em função da potência de travagem é apresentado na figura. A comparação da eficiência mecânica das misturas COME20, COME20+nano25ppm, COME20+nano50ppm e gasóleo é apresentada no gráfico, onde se verifica que o gasóleo proporciona uma melhor eficiência mecânica em comparação com as outras misturas.

BPvs Vol eff:

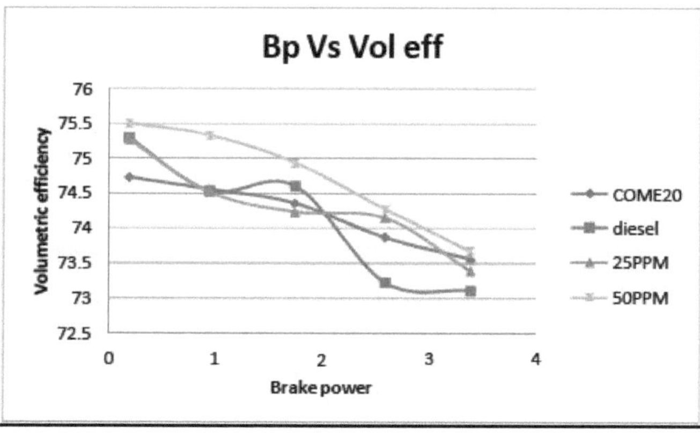

Fig.8.15 BP vs Voleff

Observações:

Foi observada a eficiência volumétrica para diferentes misturas. O gráfico da eficiência volumétrica em função do BP é apresentado na figura. A comparação das diferentes misturas com o gasóleo COME20+nano50ppm apresenta a eficiência volumétrica mais elevada em comparação com as outras misturas.

ANÁLISE DAS EMISSÕES:

Carga v/s CO:

carga vs co

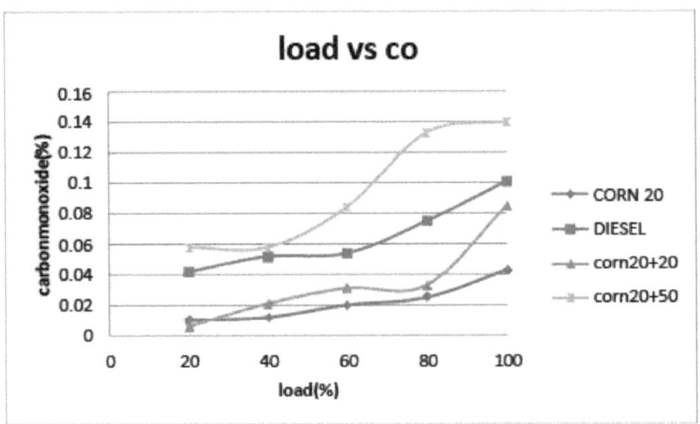

Fig. 8.18 Carga vs. CO

Observações:

As emissões de CO do motor ocorrem devido à oxidação parcial da mistura de combustível. A taxa de formação de CO é uma função do combustível não queimado e da temperatura da mistura durante a combustão. A variação das emissões de CO em função da potência de travagem é mostrada na Fig. Observa-se que o Corn20 tem baixas emissões de CO, a carga parcial, em comparação com o gasóleo puro. A emissão de CO aumenta com cargas mais elevadas.

CAUSAS DAS EMISSÕES DE CO

- A principal razão para a emissão de CO é a combustão incompleta.
- Devido a um filtro de ar seco defeituoso.
- Mistura da relação ar/combustível
- Fuga de óleo lubrificante para a câmara de combustão.

EFEITOS ADVERSOS NO SER HUMANO E NO AMBIENTE:

- O CO é um gás incolor e tóxico.
- A respiração do CO provoca tonturas, dores de cabeça e doenças cardiovasculares.
- É um gás poluente que aumenta a poluição do ar e é também um gás com efeito de estufa.

Carga v/s HC:

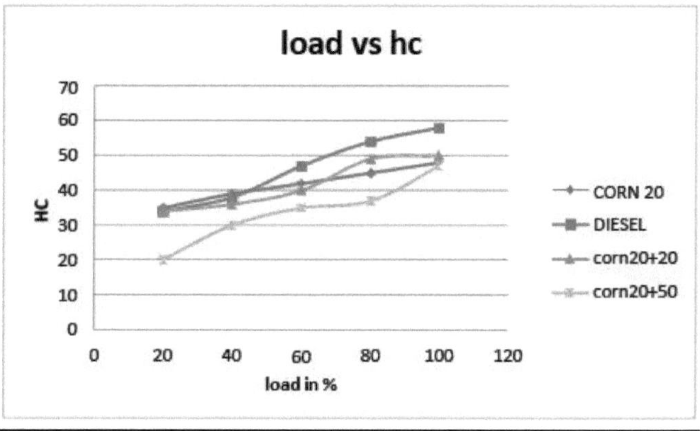

Fig. 8.19Diagrama carga v/s HC

Observações:

As comparações das emissões de hidrocarbonetos para o gasóleo simples e o biodiesel são mostradas na Fig. Em comparação com o gasóleo de base, as emissões de hidrocarbonetos diminuíram. A partir da figura, todos os parâmetros têm pequenas variações. Em condições de plena carga, o COME20+nano ppm50 tem baixas emissões de hidrocarbonetos.

CAUSAS DAS EMISSÕES DE HC:

- A má qualidade do combustível provoca emissões elevadas de HC.
- Vestígios de combustível não queimado na câmara de combustão.
- Mistura de óleo lubrificante com o combustível.
- Baixa aspiração do ar ambiente para a câmara de combustão.

EFEITOS ADVERSOS NO SER HUMANO E NO AMBIENTE:

- As emissões de HC dos veículos causam irritação nos órgãos respiratórios.
- As emissões de HC reagem com a camada de ozono e perfuram-na.
- As emissões de HC são aldeídos, nitratos de alquilo e cetonas que reagem com o ambiente e criam poluição atmosférica.

Carga v/s NOx:

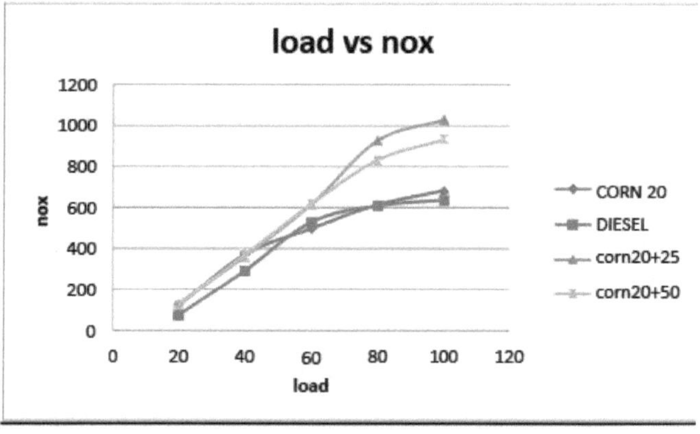

Fig. 8.20 Diagrama carga v/s NOx

Observações:

A taxa de formação de NOX depende da temperatura do gás no interior do cilindro, formando-se o NO x em regiões de gás queimado a alta temperatura. A comparação das variações da emissão de NOx com a substituição de diferentes misturas é mostrada na Fig. Observou-se uma redução da emissão de NOx até aos níveis de carga parcial. É evidente que os NOx aumentam com o aumento da carga. Isto pode dever-se à redução do ar fresco na combustão, o que aumenta o atraso da ignição, resultando numa redução da temperatura de pressão máxima do cilindro. A partir do gráfico acima, o gasóleo tem emissões baixas em comparação com as outras misturas.

CAUSA DAS EMISSÕES DE NOx:

- Temperaturas elevadas na câmara de combustão.
- Sistema de injeção deficiente.
- Má conceção do motor e do sistema de lubrificação.
- Baixos níveis de oxigénio no ar ambiente.

EFEITOS ADVERSOS NO SER HUMANO E NO AMBIENTE:

- O NO reage com o ambiente formando NO2, que causa problemas de saúde, especialmente nas pessoas com doenças respiratórias.
- Os NOx contribuem para a formação de smog e de chuvas ácidas que podem danificar a vegetação.
- Os NOx contribuem para a destruição da camada de ozono e para as alterações das condições climáticas.

CAPÍTULO-9

CONCLUSÃO

O principal objetivo do presente estudo foi utilizar o óleo de milho comestível como combustível piloto em diferentes formas, juntamente com o aditivo isooctano adicionado num motor diesel de um cilindro. Para reduzir a viscosidade do óleo de milho puro, procedeu-se à transestrificação para o aproximar do gasóleo convencional. A fim de obter uma base de comparação, os ensaios de desempenho e combustão foram efectuados em duas partes. Na primeira parte, o ensaio foi efectuado com gasóleo (ensaio de base). Na segunda parte, o teste foi efectuado com óleo de milho aditivado com nano partículas na concentração de CeO2 25ppm e 50ppm.

Observações:

- O COME20 apresenta bons resultados em termos de desempenho e emissões em funcionamento com um único cilindro
- O COME20 tem parâmetros de emissão baixos, exceto NOx e emissões de fumo, em comparação com o funcionamento do motor diesel.
- O desempenho de todas as combinações de combustíveis apresenta valores ligeiramente superiores aos do gasóleo.
- O desempenho do COME20 é ainda melhorado com a adição de aditivos.
- Finalmente, concluímos que, observando a análise do desempenho, da combustão e das emissões, a combinação de COME20+Ceo2 50 actua como um combustível diesel com pequenos desvios. Em condições de carga máxima, o COME20+CeO2 50 produzirá o B.P. máximo, pelo que esta combinação é recomendável para os motores estacionários

REFERÊNCIAS

1. **Sameet Keshari Patil, Susant Kumar Sahu publicaram** um artigo sobre "Investigação da produção de biocombustível e características de desempenho do motor CI". -IJISET- volume no-2, número 9, setembro-2015.
2. **G.A Rao, A.V.S. Raju, K.Govinda raju e C.V.Mohana Raopublicaram** um artigo sobre a "evolução do desempenho de um motor bicombustível" - IJST- volume no-3 de março de 2010.
3. **V. A. Markov,V.G.Kamaltdinov,S.S.Loboda** "optimization of diesel fuel and corn oil mixtures composition" science direct procedia engineering 150(2016)225-234.
4. **SHUBHAM GUPTA, SUMIT KUMAR** "Experimental investigation of bio-diesel with corn oil" International Journal of Mechanical And Production Engineering, ISSN: 2320-2092, Volume- 3, Issue-2, Feb.-2015.
5. **U.Santhan kumar, K.Ravi kumar** "características de desempenho, combustão e emissão de misturas de óleo de milho com gasóleo" International Journal of Engineering Trends and Technology (IJETT) - Volume 4 Issue 9- Sep 2013, Page 3904.
6. **S.Nagaraja,K.Soorya prakash,R.Sudhakaran,M.Sathish kumar** "Investigation on emission quality, performance and combustion characteristics of the compression ignition engine fuelled with environmental friendly corn oil methyl ester-Diesel blends" ELSEVIER.
7. **R.Senthilkumar, M.Loganathan, P.Tamilarasan** "Desempenho e características de emissão do motor diesel DI com pré-aquecimento de éster metílico de óleo de milho" IJMET VOLUME 5, JANEIRO (2014), PP.79-89.
8. Nithin Samuel, Muhammed Shefeek K, "Performance and Emission Characteristics of a C.I Engine with Cerium Oxide Nanoparticles as Additive to Diesel", International Journal of Science and Research, Volume 4 Issue 7, pp 673-676 julho de 2015.
9. Abbas Alli Taghipoor Bafghi, Hosein Bakhoda, Fateme Khodaei Chegeni, "Effects of Cerium Oxide Nanoparticle Addition in Diesel and Diesel-Biodiesel Blends on the Performance Characteristics of a CI Engine", International Journal of Mechanical and Mechatronics Engineering, Vol:9, No:8, pp 1507-1512, 2015.
10. S.Kumar, P.Dinesha e I.Bran, "Experimental investigation of the effects of nanoparticles as an additive in diesel and biodiesel fuelled engines: a review", Biofuels, pp. 1-8, 2017.
11. V.Arul Mozhi Selvan, R.Anand e M.Udayakumar, "Effect of Cerium Oxide Nanoparticles and Carbon Nanotubes as fuel-borne additives in Diesterol blends on the performance, combustion and emission characteristics of a variable compression ratio engine", Fuel, vol. 130, pp. 160-167, 2014.
12. T. Pushparaj, P. Shantharaman e D. John Panneer Selvam, "Effect of Blending Nano additive with Cashew Nut Shell Liquid Bio-oil on Performance, Combustion and Emission Characteristics of Four Stroke Diesel Engine - An Experimental Study", ijser, 2017.

Printed by Books on Demand GmbH, Norderstedt / Germany